英语教师零基础Python编程

主编 张文霞

编者 张 跃 张 彤 王梦琳
陆 佩 潘星喆

清華大学出版社
北 京

内 容 简 介

本书从服务教学的角度出发，提取了Python应用操作的重点内容，并搭配典型场景案例，为零基础的读者制定适合的学习规划。全书共分四个部分：Python 学前准备、Python 入门基础、Python 常用指令、Python 实战场景。本书主要采用"讲练结合"的形式，不仅在内容上有"讲解"与"练习题"的结合，在形式上也有"书本内容"与"线上练习"的结合。读者可通过线上平台（网址：py.jukuu.com）进行查看，也可以联系出版社获取案例二维码后扫描进入编写页面。

图书在版编目（CIP）数据

英语教师零基础Python编程 / 张文霞主编. —北京：清华大学出版社，2021.7
ISBN 978-7-302-58553-4

Ⅰ. ①英… Ⅱ. ①张… Ⅲ. ①软件工具—程序设计—英语—教学研究 Ⅳ. ①TP311.561

中国版本图书馆CIP数据核字（2021）第132315号

责任编辑：徐博文
封面设计：子　一
责任校对：王凤芝
责任印制：宋　林

出版发行：清华大学出版社
　　网　　址：http:// www. tup. com. cn，http:// www. wqbook. com
　　地　　址：北京清华大学学研大厦A座　　**邮　　编**：100084
　　社 总 机：010-62770175　　**邮　　购**：010-62786544
　　投稿与读者服务：010-62776969, c-service@tup.tsinghua.edu.cn
　　质量反馈：010-62772015, zhiliang@tup.tsinghua.edu.cn
印 装 者：三河市君旺印务有限公司
经　　销：全国新华书店
开　　本：185mm × 260mm　　**印　　张**：11.25　　**字　　数**：230千字
版　　次：2021 年 7 月第 1 版　　**印　　次**：2021 年 7 月第 1 次印刷
定　　价：59.00元

产品编号：089915-01

前　言

在现代信息技术与教育教学深度融合的今天，教师的信息化素养越来越受到重视。提升信息化素养，不仅需要增强数字化资源使用的能力，还要具备构建数据化资源建设的能力，能自建课程资源，分析教学数据，反思教学效果，开展教育研究。如今，越来越多的教师已经意识到这一点并开始付诸行动。

英语教师应该如何利用技术资源更好地进行教学和科研呢？这个问题，我们思考良久。Python 是一门热门的编程语言，能帮助教师快速地完成大量的计算工作，可以较大程度地减轻教师的教学和科研工作负担；同时，其丰富的开源资源不仅能帮助教师设计教学活动，也能提供更多基于教学实践的科研探索的工具和空间。

本书从服务教学的角度出发，提取了 Python 应用操作的重点内容，并搭配典型场景案例，为零基础的读者制定适合的学习规划。本书采用内容讲解搭配线上代码演示的方式，详细介绍基本指令操作和案例的编写过程，引导读者循序渐进地学习、领会和实训。我们希望读者可以了解 Python 语言的基础重点，掌握一些简单的编程操作，同时能通过对书中实例的理解，举一反三，满足相关的教学与教研需求，真正从信息技术的学习和掌握中受益。对所有教师而言，本书的学习目的不是让大家在教师身份之外再增加一个程序员的身份，而是能够合理利用技术资源，更加智能、高效地开展教学和科研工作。

本书配有全套同步练习范例，读者可以通过线上平台（网址：py.jukuu.com）进行相关编写过程的查看和练习，还可以对案例中的代码进行模仿或修改。读者也可以联系清华大学出版社获取案例二维码后，扫描进入编写页面。

本书的编写和出版得到了英语教师的帮助和支持。本书的编写团队来自外语教学教研和智能技术科研两大行业和领域，在编写过程中大家团结合作，尽职尽责，即使在 2020 年春疫情最严峻的时期，也都克服重重困难，通过视频会议等在线方式不断探讨、打磨，改进本书内容和教学案例。同时，非常感谢清华大学出版社，特别是清华大学出版社外语分社郝建华分社长对本书从立项、编辑到付梓发行的辛勤付出和大力支持，感谢责任编辑徐博文对本书进行的认真细致的审校工作。

由于编者水平有限且初次尝试为 Python 零基础英语教师编写将编程语言与英语教学教研融合运用的教程，因此本书难免存在很多不足之处，恳请广大读者不吝批评指正。

编　者

2021 年 3 月

导读：Hello Python

学习目的

在考虑学习 Python 之前，各位读者是否会担心难度太大，而不敢尝试呢？别担心，请观察下面这段代码：

代码	print('Hello Python!')
运行结果	Hello Python!

是不是很简单呢？实际上，Python 应用并没有我们想象般困难。

那么，Python 究竟是什么呢？事实上，和英语一样，Python 也是一种语言，有专属的组成元素和基本语法。相较于词汇持续扩充、语法衍生发展的英语而言，语言元素有限、语法基本固定的 Python 似乎简单得多。

外语教师及从事语言方向研究的读者多为文科专业背景，对编程易产生畏难心理。而本书将外语教学中可利用 Python 实现的场景及适当难度的相关编写方法整理出来，以较为通俗的语言，使读者体会到 Python 语言的实用性，并有所尝试。希望读者在阅读本书后，真正利用 Python 更好地辅助日常教学与教研，从信息技术中受益。

学习内容

本书的主要内容分为 Python 学前准备、Python 入门基础、Python 常用指令和 Python 实战场景四部分。Python 学前准备部分主要介绍操作方法及编写规范；Python 入门基础部分介绍 Python 语言基本知识以支撑后续阅读；Python 常用指令包含可在日常教学应用场景中使用的 25 则指令，如基础操作指令、NLTK 常用基础指令、数据可视化及交互设计指令、网络资源获取及 AI 语言分析指令，从实用的角度提取知识干货，较大程度地满足教学与教研应用需求；Python 实战场景涵盖教学互动、语言学分析、作业批阅、教学资源获取等八大教学应用场景。本书配套的线上平台中的案例包含完整的代码实现过程，读者可以在理解的基础上，对案例中的代码编写成果加以利用，满足自身的需求。

学习模式

本书主要采用“讲练结合”的形式，不仅在内容上有“讲解”与“练习题”的结合，在形式上也有“书本内容”与“线上练习”的结合。本书从第 3 章开始，讲解内容后都配有练习题，方便读者及时验证掌握情况。本书还配备了线上学习平台，将学习成本降低，在无须安装 Python 的情况下，仅通过一台可上网的计算机，就能实现即学即练。本书中涉及的 25 则指令及更多资源，均可在线上平台查阅。读者可通过输入线上平台网址进行查看，也可以联系出版社获取案例二维码后，扫描进入编写页面。

第 1 章

Python 学前准备

1.1 了解操作环境

1.1.1 Jupyter Notebook 简单介绍

Python 是一种面向对象的解释型计算机程序设计语言，它凭借强大的功能已经成功应用于科学、经济、计算机、人工智能等诸多领域。

Python 的主流操作环境包括 Anaconda、PyCharm 和 Jupyter Notebook。本书选择 Jupyter Notebook 作为操作环境进行内容讲解及案例演示。

相较于其他操作环境而言，Jupyter Notebook 最大的优势在于其较强的灵活性与交互性。

首先，Jupyter Notebook 支持用户在代码块中进行编写，运行的结果显示在相应代码块下方。在练习时，每一步操作都即时展现执行结果，对初学者十分友好。

```
In  [1]: print('Hello World!')

         Hello World!

In  [2]: len('Python')
Out[2]:  6
```

其次，Jupyter Notebook 界面满足数据结果的可视化展示，并支持实现基于 Web 的交互设计功能，帮助用户进行数据分析、小程序设计等操作。

```
In  [1]: from ipywidgets import interact
         ListA=['parent','should','pay','attention','to','education']
         # 筛选并展示词表中相应词长的单词
         def f(x):
             for y in ListA:
                 if len(y)==x:
                     print(y)
         interact(f, x=(1, 10))

                 x ———●——— 6

         parent
         should

Out[1]: <function __main__.f(x)>
```

为实现同步演示需求，使读者更加直观地体会编程过程，本书配有线上学习平台，书中涉及的案例均同步配置了线上演示文件，读者无须安装本地环境即可在线查看案例及编辑体验。在之后的学习应用过程中，读者可对相关案例进行模仿练习，更加清晰地理解代码运行原理。除此之外，学习平台还配备了部分 API 资源供读者使用，满足更加多样的操作需求。

1.1.2 Jupyter Notebook 操作方法

1. 代码编写页面

Jupyter Notebook 的代码编写界面十分简单，如下：

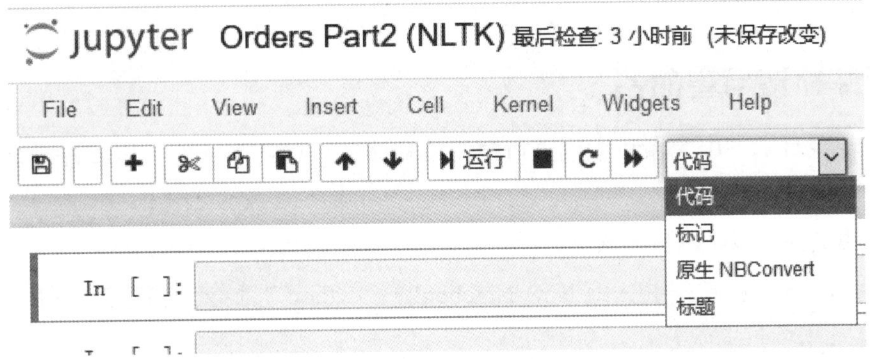

编写页面主要由两部分构成，分别是上方的操作菜单和下方的编写区域。操作菜单中各编辑功能对光标当前停留的代码块发生作用。下方的编写区域由多个代码块构成，每一个代码块可单独运行，运行结果会直接展示在代码块下方。读者可以单击“插入”按钮添加新的代码块，进行更多编写练习。

Jupyter Notebook 支持的编写格式状态有四种选择，分别为代码、标记、原生 NBConvert 及标题。其相关快捷键的使用如表 1.1 所示。编写时默认使用“代码”状态，也可以切换选择其他状态。其中，“标记”状态可用于进行文字的说明和备注，运行结果会以文字形式呈现，也可在编写区域内粘贴图片，运行后可插入图片。

表 1.1

快捷键	执行功能
Ctrl+Enter	运行本代码块
Shift+Enter	运行本代码块并选中下个代码块
Alt+Enter	运行本代码块并在下方插入新代码块
A	在上方插入新代码块
B	在下方插入新代码块
X	剪切选中的代码块
连按两次 D	删除选中的代码块
Z	恢复已删除的代码块
Esc+F	在代码块中进行查找和替换

2. 文件新建与重命名

读者在对本书中的在线案例进行模仿练习时，可以创建新的代码文件进行编写操作。

新建文件有以下两种方式。

第一种方法：单击 File → New Notebook → Python 3 命令，创建新文件，并单击 Rename 选项进行重命名。

第二种方法：回到目录页，单击右上角的 New 下拉按钮，即可弹出新建在线文件的类型，选择 Python 3 选项即可打开一个新的编写界面。

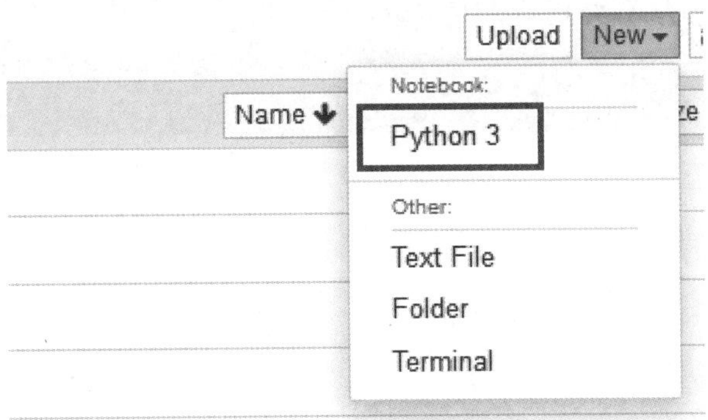

1.1.3 本地环境安装方法

在学习与应用过程中，读者可以在计算机上安装本地操作环境，下面简单介绍一下安装方法。

1. Python 安装的环境配置

在安装 Jupyter Notebook 前，确保已经安装 Python 环境。

1）在 Python 官网（网址：https://www.python.org/）下载 Python 安装包，选择系统对应的安装包版本后进行下载。

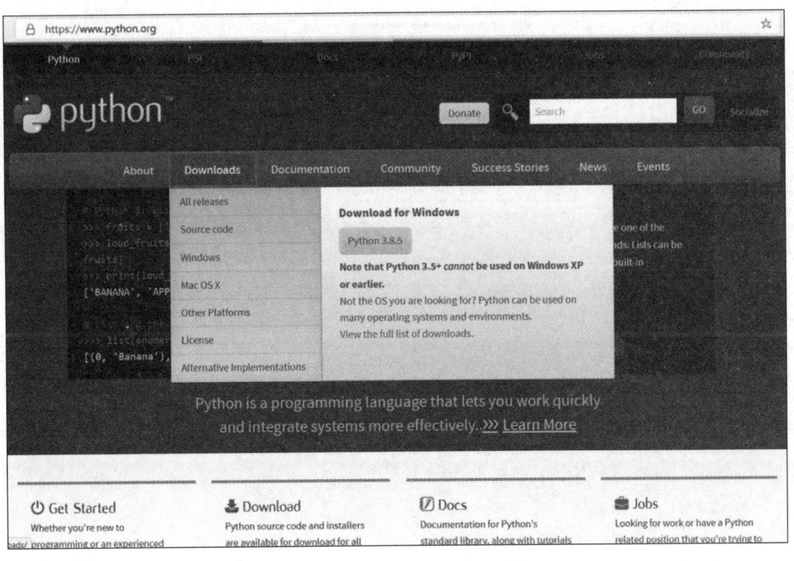

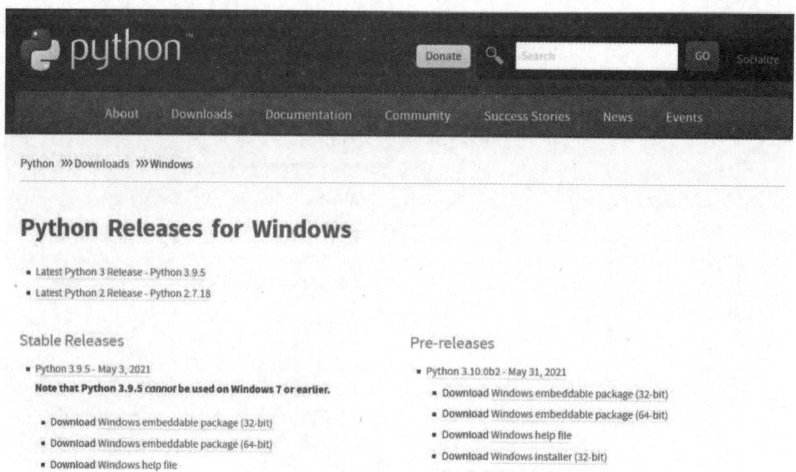

2）安装包下载完成后，在安装时勾选 Add Python 3.8 to PATH 复选框。

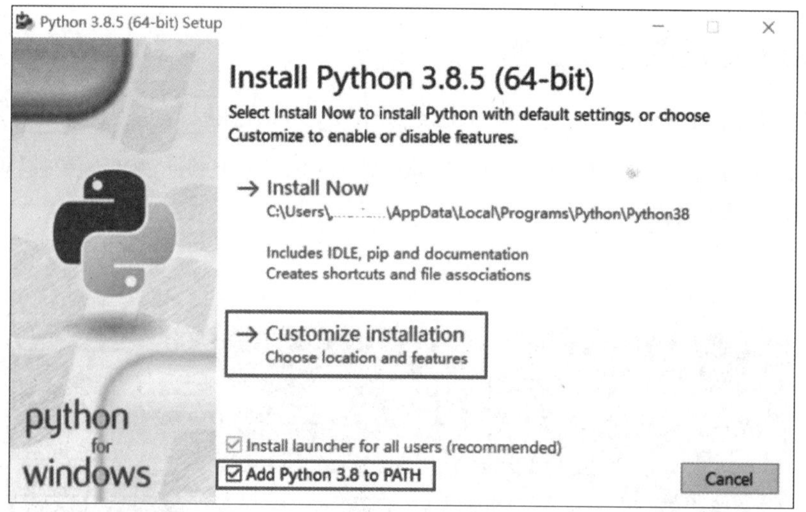

接下来，按照图示单击 Next 和 Install 按钮即可。

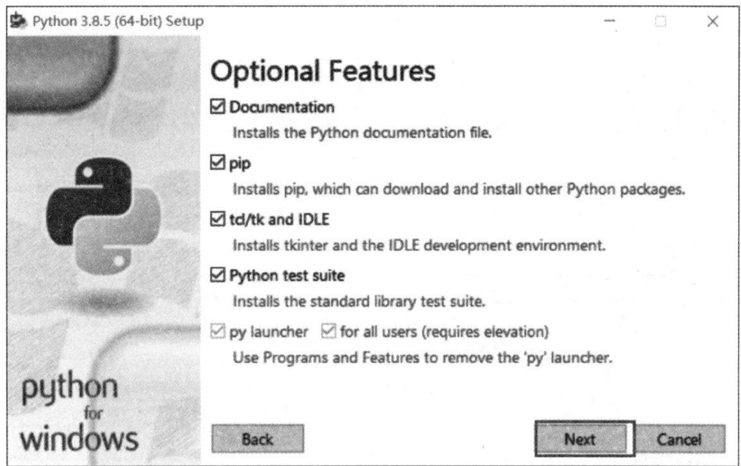
Python 3.8.5 (64-bit) Setup
Optional Features
Documentation
Installs the Python documentation file.
pip
Installs pip, which can download and install other Python packages.
tcl/tk and IDLE
Installs tkinter and the IDLE development environment.
Python test suite
Installs the standard library test suite.
py launcher
for all users (requires elevation)
Use Programs and Features to remove the 'py' launcher.
python for windows
Back
Next
Cancel

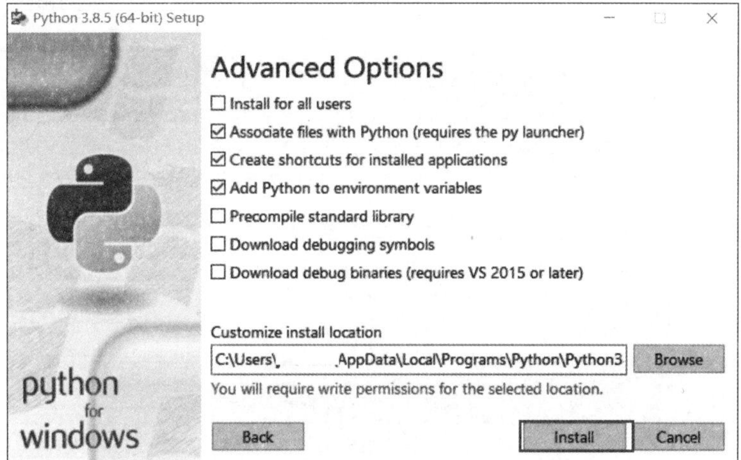
Python 3.8.5 (64-bit) Setup
Advanced Options
Install for all users
Associate files with Python (requires the py launcher)
Create shortcuts for installed applications
Add Python to environment variables
Precompile standard library
Download debugging symbols
Download debug binaries (requires VS 2015 or later)
Customize install location
C:\Users\ AppData\Local\Programs\Python\Python3
Browse
You will require write permissions for the selected location.
python for windows
Back
Install
Cancel

系统开始安装。

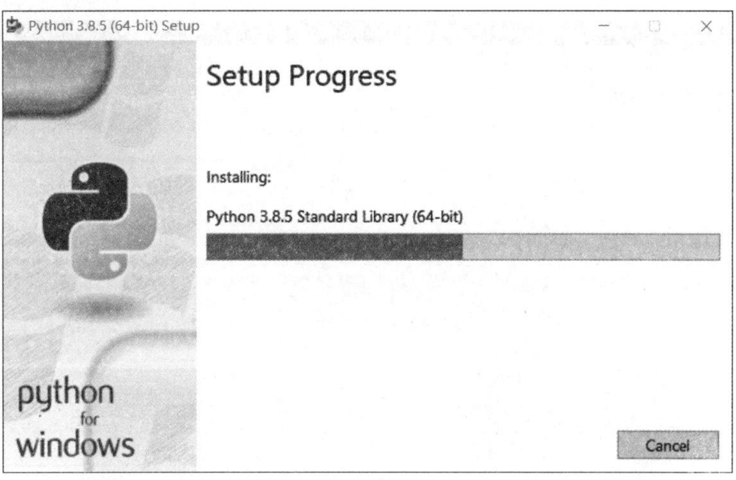
Python 3.8.5 (64-bit) Setup
Setup Progress
Installing:
Python 3.8.5 Standard Library (64-bit)
python for windows
Cancel

安装成功。

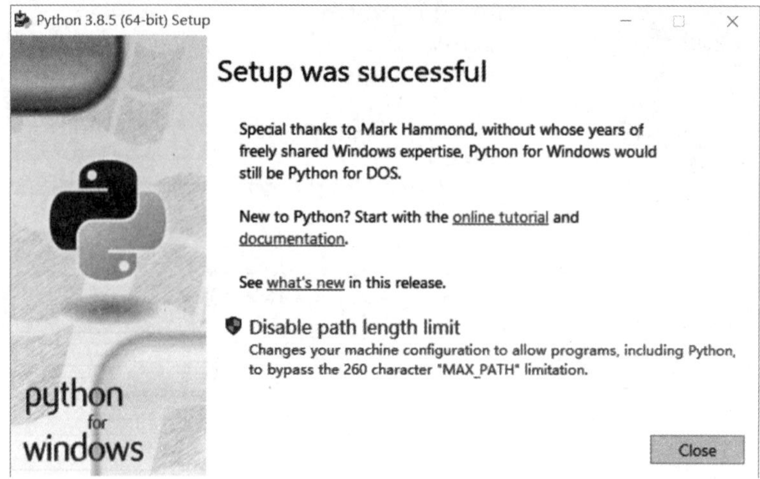

3）安装完成后按 Windows+R 组合键，输入 cmd 调出命令提示符。

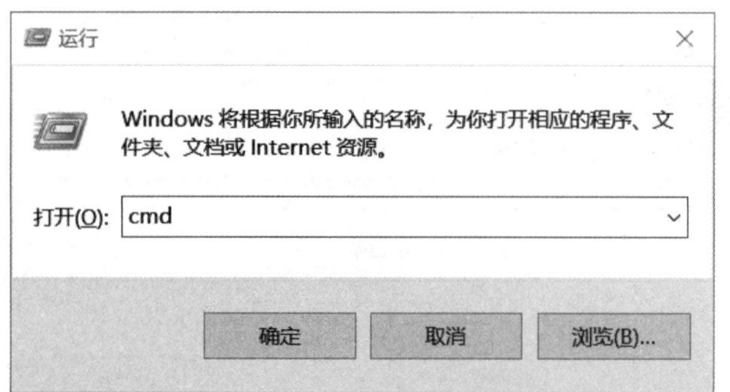

在界面中输入 python 检验安装状态。

```
Microsoft Windows [版本 10.0.18362.959]
(c) 2019 Microsoft Corporation。保留所有权利。

C:\Users\        python
```

如果出现如下所示信息，即表示 Python 安装成功，否则须返回检查。

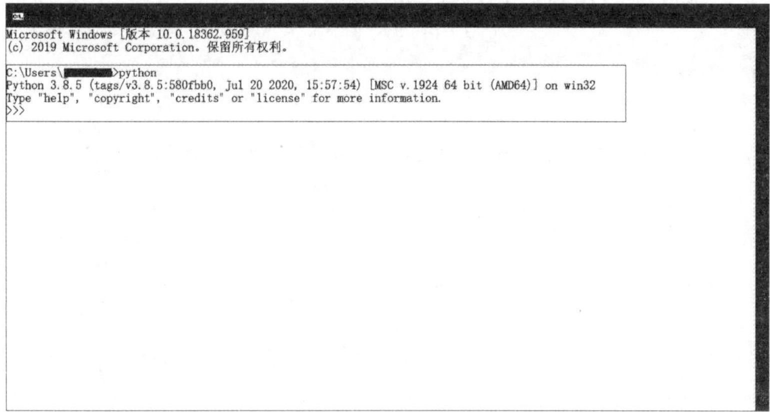

2. 安装 Jupyter Notebook

Python 安装完毕后，我们可以在本地 IDLE 环境中进行操作。若希望将 Jupyter Notebook 作为操作环境，可以通过以下方式安装。

通过 Windows+R 组合键打开命令提示符，输入 pip install jupyter 安装。

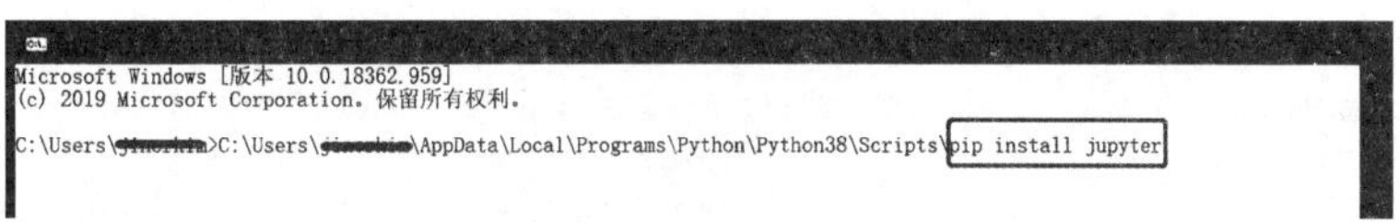

稍作等待，出现如下所示信息则安装成功。

```
Collecting more-itertools
  Downloading https://files.pythonhosted.org/packages/68/03/0604cecleal3c9f
063dd50f900d1a36160334dd3cfb01fd0e638f61b46ba/more_itertools-8.0.2-py3-none
-any.whl (40kB)
     |████████████████████████████████| 40k
B 145kB/s
Installing collected packages: pyzmq, pywin32, ipython-genutils, decorator,
 six, traitlets, python-dateutil, tornado, jupyter-core, jupyter-client, wc
width, prompt-toolkit, pygments, parso, jedi, pickleshare, backcall, colora
ma, ipython, ipykernel, jupyter-console, mistune, entrypoints, pyrsistent,
attrs, more-itertools, zipp, importlib-metadata, jsonschema, nbformat, webe
ncodings, bleach, MarkupSafe, jinja2, pandocfilters, testpath, defusedxml,
nbconvert, Send2Trash, prometheus-client, pywinpty, terminado, notebook, wi
dgetsnbextension, ipywidgets, qtconsole, jupyter
    Running setup.py install for backcall ... done
    Running setup.py install for pyrsistent ... done
    Running setup.py install for pandocfilters ... done
    Running setup.py install for prometheus-client ... done
Successfully installed MarkupSafe-1.1.1 Send2Trash-1.5.0 attrs-19.3.0 backc
all-0.1.0 bleach-3.1.0 colorama-0.4.3 decorator-4.4.1 defusedxml-0.6.0 entr
ypoints-0.3 importlib-metadata-1.3.0 ipykernel-5.1.3 ipython-7.10.2 ipython
-genutils-0.2.0 ipywidgets-7.5.1 jedi-0.15.2 jinja2-2.10.3 jsonschema-3.2.0
 jupyter-1.0.0 jupyter-client-5.3.4 jupyter-console-6.0.0 jupyter-core-4.6.
1 mistune-0.8.4 more-itertools-8.0.2 nbconvert-5.6.1 nbformat-4.4.0 noteboo
k-6.0.2 pandocfilters-1.4.2 parso-0.5.2 pickleshare-0.7.5 prometheus-client
-0.7.1 prompt-toolkit-2.0.10 pygments-2.5.2 pyrsistent-0.15.6 python-dateut
il-2.8.1 pywin32-227 pywinpty-0.5.7 pyzmq-18.1.1 qtconsole-4.6.0 six-1.13.0
```

接下来，在 cmd 命令行中输入 jupyter notebook 并按回车键，浏览器会打开 Jupyter Notebook 窗口，之后就可以进行相应的编写操作。

1.2 熟悉编写规范

Python 语言有几点重要的格式要求，请注意以下编写规范，以免造成运行错误。

1）使用半角符号

在编写时，输入英文状态下的半角符号代码才能正常运行。但在字符串中可以使用中文及中文状态下的全角符号，如 str = '他说：“失败是成功之母。”'。

2）注意区分大小写

在 Python 中，大小写字符不会进行归一识别。例如，变量 A 及变量 a 是两个不同的变量，而 if 与 IF 是两种不同的语法。

3）自定义名称时注意避开保留字

在编程过程中，有时需要对变量名和函数名进行定义，这时要注意避开一些单词名称。这些单词被称为保留字，在计算机语言语法中已经被定义，有语法功能。Python 中的保留字如表 1.2 所示。

表 1.2

and	as	assert	break	class
continue	def	del	elif	else
except	False	for	from	finally

续表

global	if	import	in	is
lambda	nonlocal	None	not	or
pass	raise	return	True	try
while	with	yield		

4）备注说明文字的书写规范

本书的程序编写基本采用如下形式：

```
# 设置变量 WordA，并为它赋值为 'Python'
WordA='Python'
#len() 指令用于计算长度
WordA_len=len(WordA)
#len() 指令用于输出结果
print(' 单词长度为 ' , WordA_len)
```

其中，“# 说明文字”的形式用作编程过程中的备注，不仅可以在学习时进行提示，方便查看历史步骤，同时在多人合作编程的过程中，也方便同伴的理解。此形式的备注内容只显示在Python代码块中，不会影响编程过程。这种形式对于初学者来说非常实用，读者在练习过程中可多多采用。

关于更多编写格式的说明，读者可以查看下面的口诀。

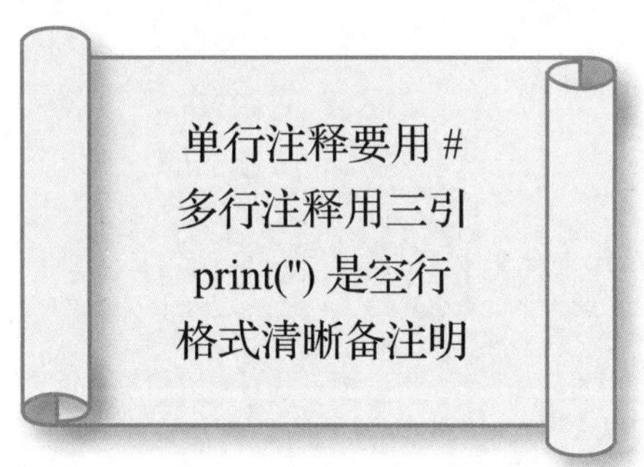

① **单行注释要用 #：** 用文字说明备注时可以使用“#”引导，这些内容都会写在同一行代码中。

② **多行注释用三引：** 如果一行的文字内容过长，不方便查看，说明文字要折行显示时，可以使用三组引号实现。这些内容作为备注文字显示在代码块中，但不影响程序的编写，如：

```
""" 有时候一行的文字内容过长
我们需要让文字折行显示
可以使用三组引号实现 """
```

③ **print('') 是空行 格式清晰备注明：** 在编程时可能会有代码较长的情况，对于初学者来讲，将每个步骤的代码结果分开显示对复习和检查都有帮助，因此可以通过 print('') 或 print("") 实现。如下所示，操作中的两个结果之间产生了一个空行：

```
print('Hello world')
print('')
print('Hello Python')
```

```
得到结果：
Hello world

Hello Python
```

读者要了解这些细节规范，方便后续学习与操作过程的顺利进行。

第 2 章

Python 入门：了解基础知识

写在前面：Python 的基础元素和语法

和英语一样，Python 也是一门语言，有其相应的语言元素和语法元素，如同英语中的字母、单词和基础语法。只有掌握了这些基础元素，我们才能真正地使用 Python。

在学习 Python 前，我们首先要了解五大数据类型：Number（数字）、String（字符串）、List（列表）、Tuple（元组）、Dictionary（字典）。它们是我们使用的数据本身，亦是在处理过程中传递信息的载体。它们是 Python 分析的原料，有各自的数据特点。除此之外，Python 还有三个重要的知识点：变量、循环以及函数。它们是最基础的语法规则，只有掌握了这三点，我们才能开始编程。那么接下来，就让我们一起来了解 Python 的语言基础吧。

2.1 五大数据类型，这是 Python 的成分库

Python 的五大标准数据类型分别是 Number（数字）、String（字符串）、List（列表）、Tuple（元组）和 Dictionary（字典）。这些是 Python 的语言元素，不同的语言元素可以处理不同的需求，要明确它们的使用规则。

2.1.1 数字

Number（数字）包括 int（整数）和 float（浮点数 / 小数），与数学中的概念相同，可直接用于运算。

int 整数 5　float 浮点数 5.0

数字类型之间可以进行转化，将数字转化为浮点数可以使用 float()，将数字转化为整数可以使用 int()，小数化整时向下取整。

5 → float(5) 转为浮点数 → 5.0　5.9 → int(5.9) 转为整数 → 5

我们可以使用 type() 方法验证对象的类型，整数的数据类型为 <class 'int'>，浮点数的数据类型为 <class 'float'>，如：

```
print(type(5))
print(type(5.1))
print('5+5.1 的运算结果是：', 5+5.1)
```

```
<class 'int'>
<class 'float'>
5+5.1 的运算结果是：10.1
```

2.1.2 字符串

1. 字符串的含义

我们将单个文字称为字符，而字符串（String）就是指一串组合的字符，一个句子、一个单词都可以放入字符串。

字符串有一些特殊的格式规则。

1）在字符串中使用单引号与双引号

在字符串内引用对话或进行特殊内容说明时，要使用引号。注意：若在字符串内使用了单引号，则字符串两端须使用双引号；若在字符串内使用了双引号，则字符串两端须使用单引号。若出现了单引号或双引号连用的情况，则无法得到运行结果。

```
'This is 'Python'.'
```

```
'This is "Python".'
```

若无法避免双引号或单引号连用的情况，则可以在符号前使用转义字符“\”，将字符串内的符号进行区分。

```
print('This is \'Python\'.')        输出得到        This is 'Python'.
```

2）字符串中可以使用中文字符

Python 语言中所有的语法字符均使用英文格式，但在字符串中可以使用中文字符，不会影响代码的运行，如：

```
print('现在开始学习“Python”。')        输出得到        现在开始学习“Python”。
```

3）字符串换行

字符串通常写在同一行代码中，但在处理较长的字符串时，为了使代码页面更加便于操作和阅读，需要对字符串进行换行。换行操作可以通过两种方法实现，其操作方法和区别如下：

① 在字符串中使用“\”符号，仅做代码分行使用，输出字符串为一行文字，如：

```
snt='This Is \
Python'
print(snt)
```

得到结果：
This Is Python

② 使用三组单引号或双引号进行操作，输出字符串为两行文字，如：

```
snt='''This Is
Python'''
print(snt)
```

得到结果：
This is
Python

2. 字符串的使用

1）复制字符串

复制字符串时，可以用乘号“*”，语法形式为：字符串 * 重复次数，如：

print('Python' * 2)	输出得到	PythonPython

2）合并字符串

合并字符串时，可以用加号“+”，语法形式为：字符串 1 + 字符串 2，如：

print('Learn' + 'Python')	输出得到	Learn Python

3）提取单个字符

字符串中的每个字符都有相应的位置编码，我们称之为索引位置。通过定位索引位置，可以提取字符串中的单个字符，其语法形式为：字符串 [索引位置]。

需要注意的是，字符的索引位置有其特殊的计数方法：自左向右从 0 开始计算，自右向左从 -1 开始计算，也就是说第一个字符索引位置为 0，最后一个字符索引位置为 -1，如：

自左	0	1	2	3	4	5	编码
'	P	y	t	h	o	n	'
编码	-6	-5	-4	-3	-2	-1	自右

如果需要提取字符串 'Python' 中的第 3 个字符 t，那么通过以下两种方式均可得到：

```
print('Python'[2])
```

```
print('Python'[-4])
```

4）提取部分字符

我们也可以提取字符串中的某一段字符，通过字符的索引位置确认。其语法形式为：字符串 [开始索引位置：结束索引位置 +1]。

在截取字符串 'Learn Python' 中 'Python' 这段字符时，截取的索引位置范围就是 [6:12]，如：

0	1	2	3	4	5	6	7	8	9	10	11
L	e	a	r	n		P	y	t	h	o	n
-12	-11	-10	-9	-8	-7	-6	-5	-4	-3	-2	-1

```
print('Learn Python'[6:12])        输出得到        Python
```

5）字符串格式定义

字符串 .format() 可以完成字符串中某段内容的指定，字符串中 { } 的位置对应 format() 内的内容。通过设置索引位置，调整显示结果，如：

```
print( '输出文字：{} {}'.format('Hello', 'Python') )   >>>   输出文字：Hello Python
```

```
print( '输出文字：{1} {0}'.format('Hello', 'Python') )   >>>   输出文字：Python Hello
```

6）大小写转换

字符串 .title()：每个单词的首字母大写

字符串 .capitalize()：段落的首字母大写

字符串 .lower()：所有字母小写

字符串 .upper()：所有字母大写

我们对一句话依次使用这四个方法，读者可以观察字符串发生的变化，如：

```
# 将句子设置为变量 str1
str1= 'it is important to learn step by step.'
# title() 指令 使每个单词的首字母大写
print(str1.title())
# capitalize() 指令 使段落的首字母大写
print(str1.capitalize())
# lower() 指令 使所有字母小写
print(str1.lower())
# upper() 指令 使所有字母大写
print(str1.upper())
得到结果:
It Is Important To Learn Step By Step.
It is important to learn step by step.
it is important to learn step by step.
IT IS IMPORTANT TO LEARN STEP BY STEP.
```

读者可以在后续的指令部分了解更多关于字符串的编辑操作，如字符串分割、字符替换等。

2.1.3 列表

1. 列表的含义

列表是由多个元素组成的数据集，可以放入的元素类型为整数、浮点数（小数）、字符串（单词、句子）、运算式等。同一个列表中放入的元素类型可以不同，每个元素之间要用逗号隔开，列表两边用方角括号括起。列表就像一个收纳盒，可以按顺序存放多件物品，每件物品都有顺序编号。我们可以将如单词、学生信息等存入其中，方便一起使用。

列表（List）的语法形式为：列表名 =[元素 1, 元素 2, 元素 3,…]。

与字符串中各字符有位置编码一样，列表中的各个元素也有位置编码，也就是索引位置，自左向右从 0 开始，自右向左从 -1 开始。我们还可以通过元素的索引位置，调出列表中的相应元素。

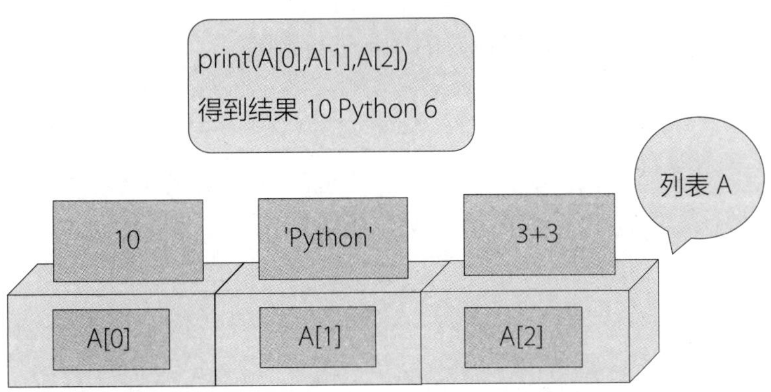

2. 列表的使用

1）修改列表元素

利用元素的索引位置，定位并替换掉相应位置上的元素，可以修改原列表。语法形式为：原列表名 = [元素 1，元素 2，元素 3]；原列表名 [元素索引位置] = 新的值。

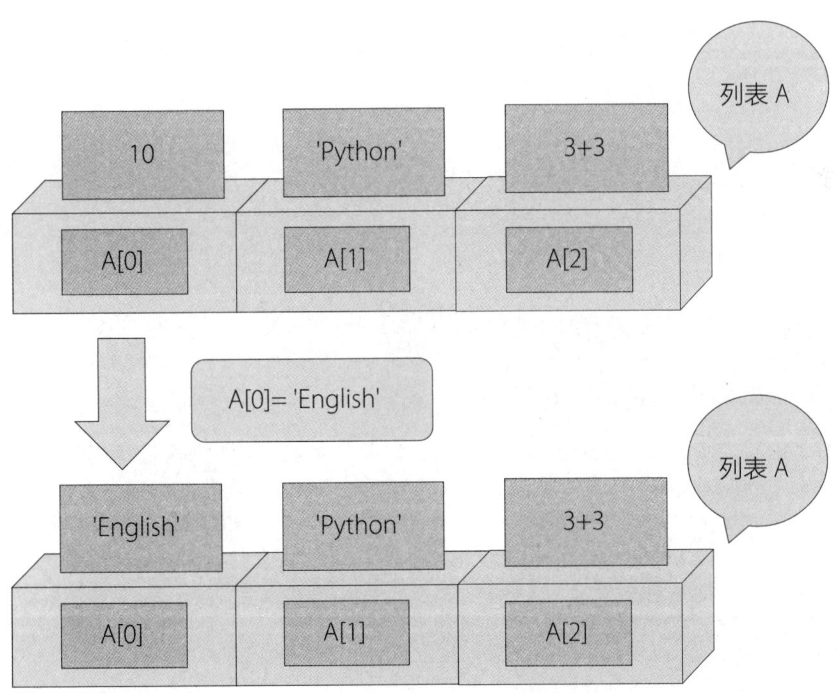

2）删除列表元素

通过 del 的方式对列表中指定位置的元素进行删除。

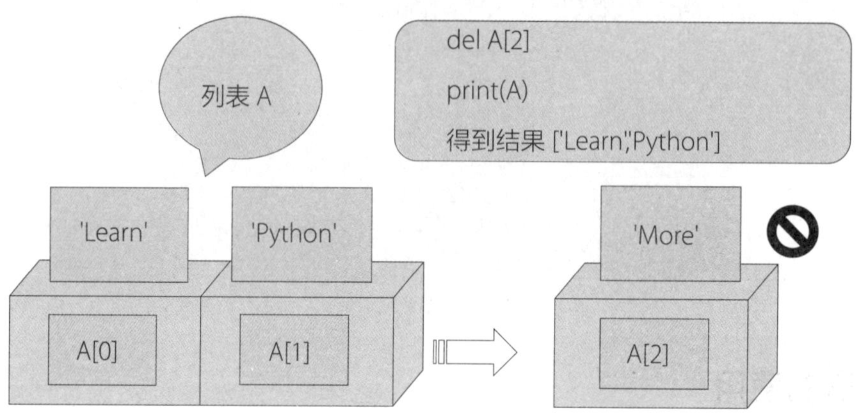

3）合并列表

使用加号“+”将两个列表合并为一个列表。

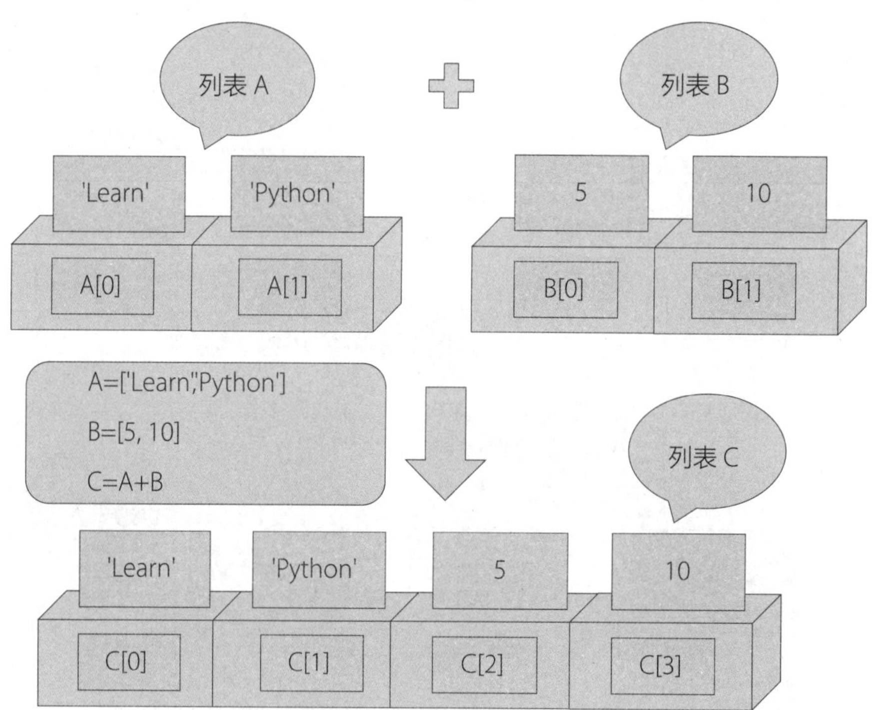

4）嵌套列表

列表中元素的位置上也可以放其他列表。

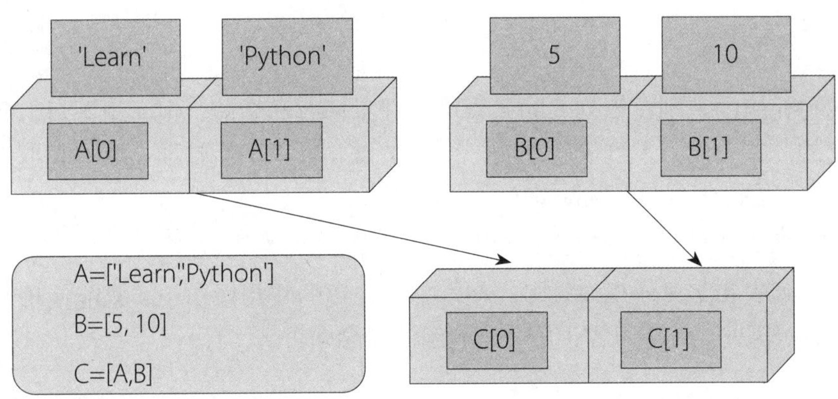

读者可以在后文的指令部分了解更多关于列表的编辑操作，如在列表中添加元素、对列表元素进行排序等。

5）获取极值

我们可以利用 max() 和 min() 获得一组数字中的最大、最小值，如：

```
list1=[1,2,3,4,5,6,7]
print( max ( list1 ) )          输出得到          7
print(min ( list1) )            输出得到          1
```

关于更多列表的语法规则，读者可以查看下面这个口诀。

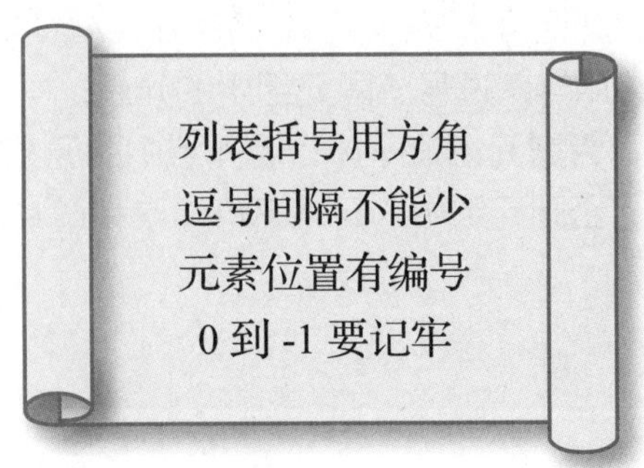

① **列表括号用方角：**方括号 [ ] 表示列表，如 ListA=[1,2,3]。

② **逗号间隔不能少：**用半角逗号分隔列表中的元素，可以添加或删除列表中的元素。

③ **元素位置有编号，0 到 -1 要记牢：**列表中的各元素都有索引位置，可以理解为编号。自左向右从 0 开始计数，自右向左则从 -1 开始。例如，ListA=[1,2,3]，那么 ListA 中索引位置为 2、索引位置为 -1 的元素均为“3”。

2.1.4 元组

列表与元组的差别在于列表的元素可以任意修改和增减，但元组不行，元组的长度是固定的。打个比方，列表就如同一个收纳盒，可以不断整理、放入和取出物品，也可以无限扩容，但元组在物品放入之后就封装了。

元组（Tuple）的语法形式为：元组名 =(元素 1, 元素 2, 元素 3,…)。

通常，列表和字典使用得较多，在本书所介绍的实用操作中，只能使用元组的情况几乎没有。因此，读者只需了解一下元组的概念即可。

```
Tuple1=(1,0.5,'Python')
# type() 可以验证对象的数据类型
print(type(Tuple1))                    输出得到                    <class 'tuple'>
```

更多与元组相关的语法规则，读者可以查看下面这个口诀。

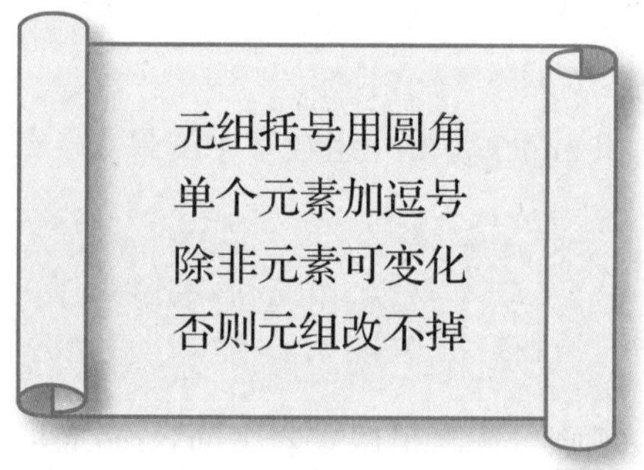

① **元组括号用圆角：** 圆括号 () 表示元组，如 TupleA=(1,2,3)。

② **单个元素加逗号：** 用半角逗号分隔元组中的元素。

③ **除非元素可变化，否则元组改不掉：** 若元组中的元素为列表等可变的对象，则可以修改它的值，否则元组中的元素不可修改和增减。

2.1.5 字典

1. 字典的定义

这里的字典是指一个容器，存储成对的数据，如学生姓名与成绩就是一组数据。一个字典可以存储全班同学的成绩，字典名 ={' 李同学 ':90,' 张同学 ':88,…}。

字典（Dictionary）的语法形式为：字典名 ={ 关键字 1: 值 1, 关键字 2: 值 2,…}。

虽然此处的字典与我们生活中理解的字典不是一个意思，但它们的特点也很相似。我们生活中使用的字典是查询词汇的，字典中的单词都有其对应的释义；在 Python 的字典中，每个关键字也都有其对应的值。读者可以把这些值看成是关键字的释义，用于具体说明其数据详情。除此之外，字典中的单词不会重复，一个单词的查询位置只有一处；Python 字典中的关键字也是如此，每个关键字只能出现一次。如果同个关键字对应两组不同的值，那么以后面的一组为准。

在下面的案例中，字典中存储的是三位同学的考试成绩，同学姓名为字典中的关键字，成绩为值，每个同学的姓名与成绩以一组的形式存储，同一位同学如果存储两次成绩，则以后面一次为准。我们可以通过字典查询某一个关键字对应的信息，语法形式为：字典名 [关键字]。

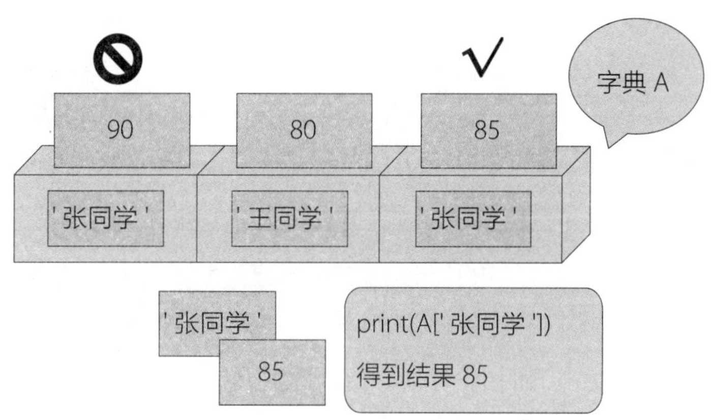

2. 字典的使用

1）修改字典中的值

字典中的值可以直接修改，其语法形式为：字典名 [关键字]= 新的值，如：

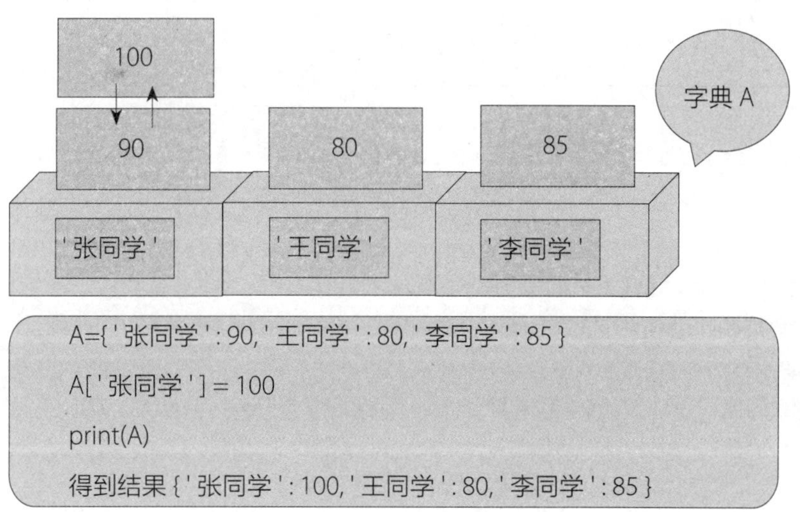

2）添加新的键值对

我们还可以直接给原字典中添加新的键值对，新的键值对会添加在字典末尾，语法形式为：字典名 [新关键字]= 值，如：

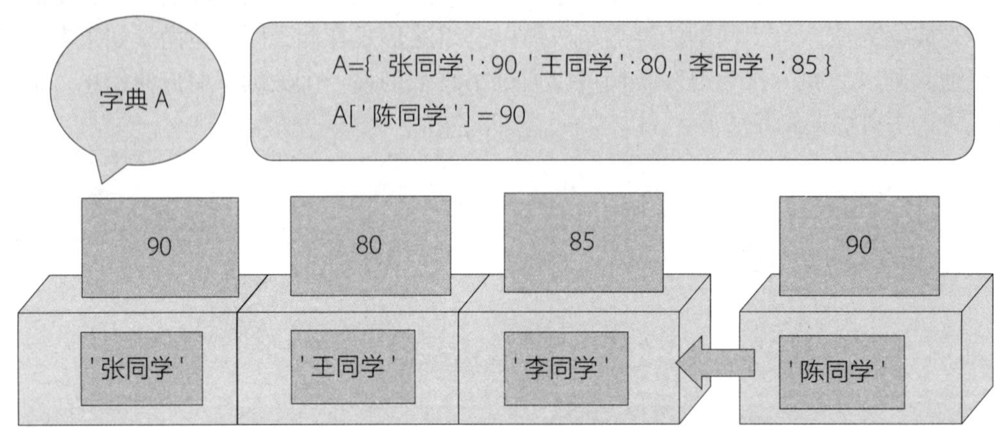

3）删除字典中的键值对

我们可以使用 del 方式删除原字典中指定的键值对，其语法形式为：del 字典名 [关键字] 或 字典名 .pop() 的形式，如：

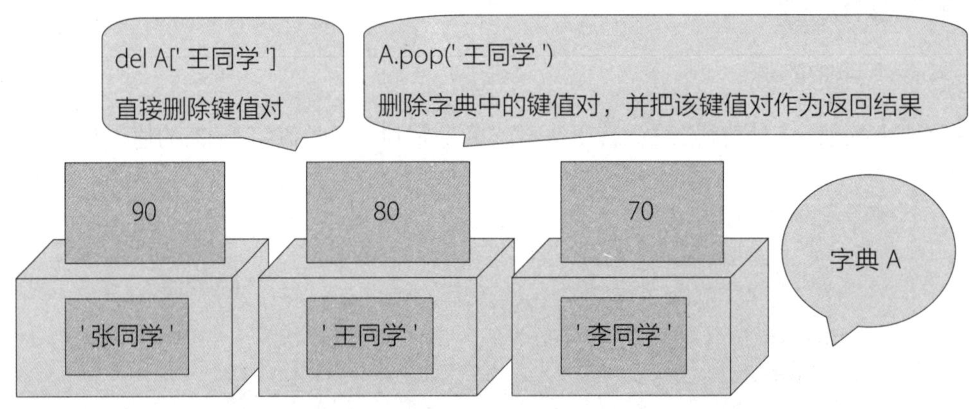


```
Dict1={' 张同学 ':90, ' 王同学 ':80, ' 李同学 ':70}
print(' 被删除的值：',Dict1.pop(' 王同学 '),' 修改后的原字典：',Dict1)
得到结果
被删除的值：80      修改后的原字典：{' 张同学 ': 90, ' 李同学 ': 70}
```

4）在字典中嵌套列表

字典与列表可以相互嵌套，处理相对复杂一些的数据情况。例如，如果需要同时存储多名学生的考勤情况、期末分数、小测均分，可以在字典中嵌套使用列表。在这个案例中，我们就在一个字典中存储了每个同学的多组学情信息，每个学生对应了三项信息：考勤情况、期末分数、小测均分。

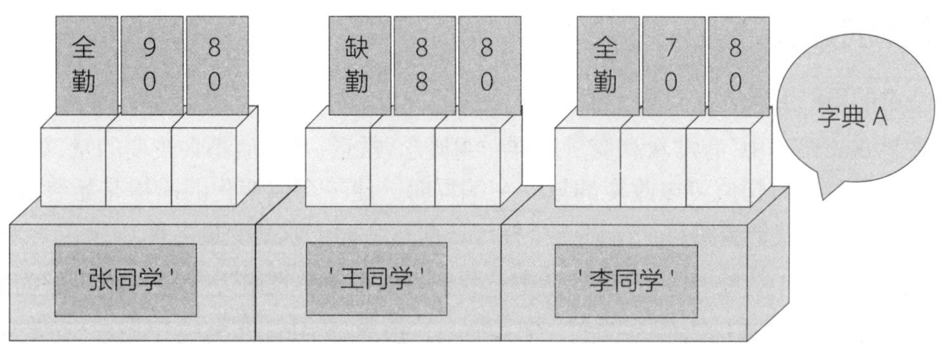


```
Dict2={'张同学':['全勤',90,80],'王同学':['缺勤',88,80],'李同学':['全勤',70,80]}
# 通过“字典[关键字]”的形式，查找到该关键字对应的值
print('王同学的考勤情况、期末分数、小测均分分别为：',Dict2['王同学'])
得到结果
王同学的考勤情况、期末分数、小测均分分别为： ['缺勤', 88, 80]
```

读者可以在后文的指令部分了解更多关于字典的编辑操作，如对字典的值进行排序等。

更多与字典相关的语法规则，读者可以查看下面这个口诀。

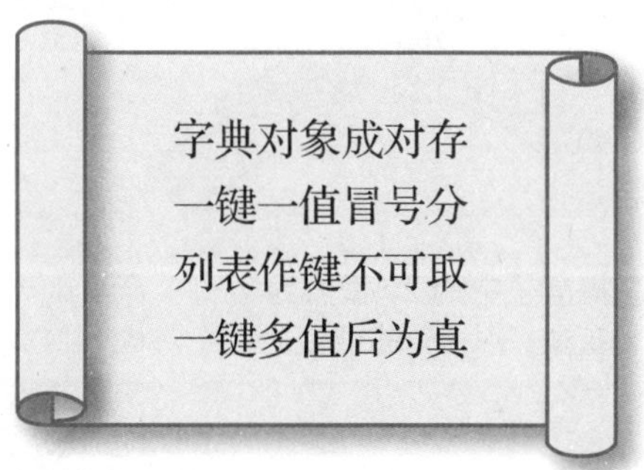

① **字典对象成对存：**在字典中，以“关键字 : 值”的形式存储成对的数据。

② **一键一值冒号分：**关键字和值之间用冒号隔开，每对数据之间用逗号隔开。

③ **列表作键不可取：**列表不可以放在关键字这个位置上，但可以作为值。

④ **一键多值后为真：**如果在一个字典中，有两组数据是同一个关键字，以后一组数据为准。例如在 {1:'a', 2:'b',1:'c'} 中，1 有效对应的值为 'c'。

2.2 五项重要内容，这是 Python 的语法核心

2.2.1 变量

1. 变量的定义

变量的语法形式为：变量 = 值。

在Python语法中，有常量和变量这样一组概念。常量，是指值不会改变的量，如文本、数字等；变量，是指值可以改变的量。在编程时，使一个值变化的前提是始终找得到这个值，因此，我们要给这个值做一个标记，而这个标记就是变量名称。

例如，在“年龄是 20 岁”这句话中，我们可以把年龄理解为变量，20 理解为值，并得到一个变量语句：年龄 =20。一年之后，年龄变为 21，变量语句为：年龄 =21。年龄是变量，它的值可以改变，而“年龄”这个变量名称是不变的，它可以承载值这个信息。

同样，我们也可以把变量看作一个盒子，盒子中装的是变量的值，所贴的标签是变量名称。我们可以利用标签找到它们，而盒子中所装的内容是可以更换的。

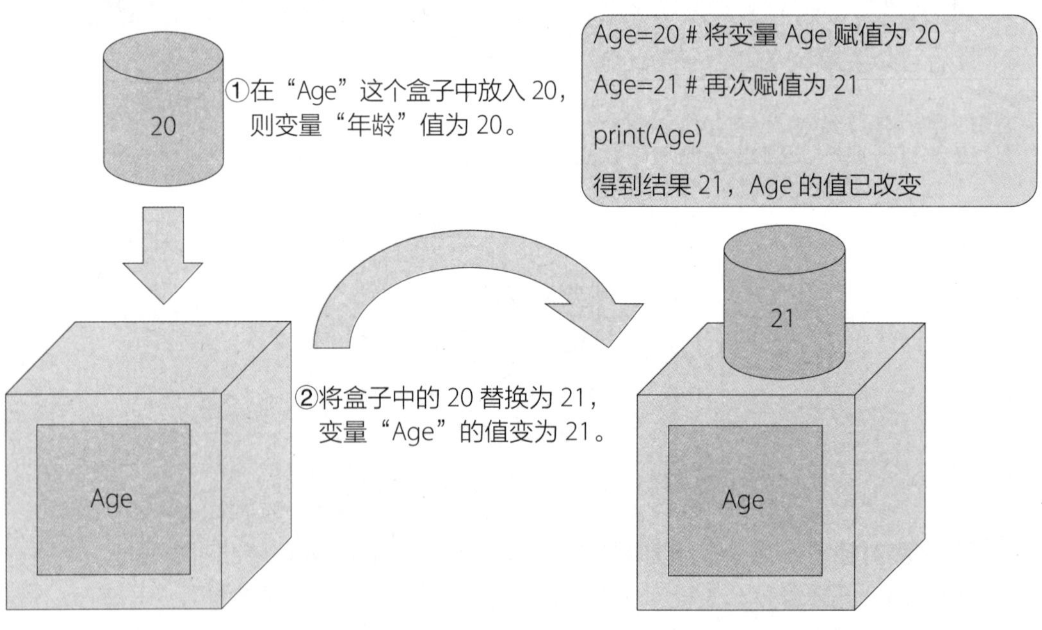

通过下面的案例，我们可以了解变量的作用。

```
# 设置变量 Word1，并为它赋值为 'Python'
Word1='Python'
#len 指令可用于计算长度，我们对变量 Word1 进行求长
print(' 单词长度为 ',len(Word1))
输出得到： 单词长度为 6

# 若此时需要求长的单词变更为 'English'，我们将变量 Word1 的值更改为 'English'
Word1='English'
# 这时再次输出变量 Word1 的求长结果，可以看到结果已改变
print(' 单词长度为 ', len(Word1))
输出得到： 单词长度为 7
```

2. 变量的使用

在设置变量名称时，可以使用一些简单易懂的字符，便于理解和查找。例如，变量 Score 就比变量 A 传递了更多的有效信息，而变量 FinalScore 传递的信息则更为具体，更加容易理解。

需要注意的是，在设置变量名称时，不可以使用数字作为开头；若两个单词之间需要间隔，可以使用下画线，形式如 Final_Score，但不可以使用空格和连字符“-”，否则会造成语法错误。变量名称要区分大小写，字符相同而大小写不同的，是两个不同的变量，如 FinalScore 和 finalScore 就是两个不同的变量。

变量可以用数字、字符串、列表、元组、字典等多种数据类型进行赋值，也可以直接使用运算式赋值。

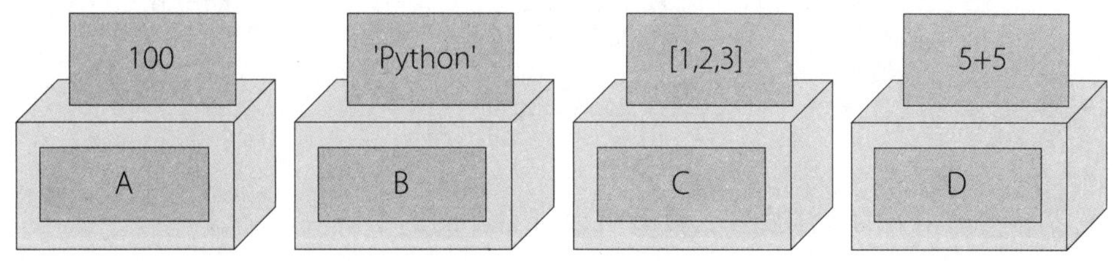

另外，变量还可以利用其他变量的值进行代入，代入新的值之后，原来的值会被替换，如：

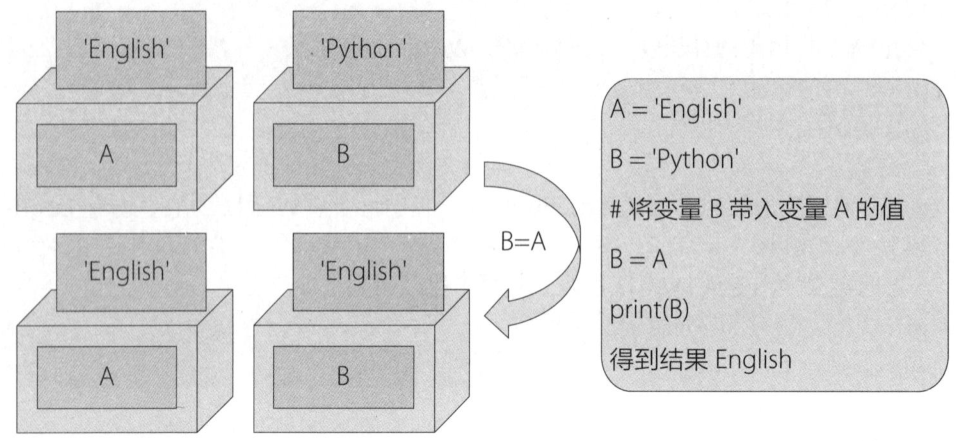

变量还可以直接进行运算、合并等操作，如：

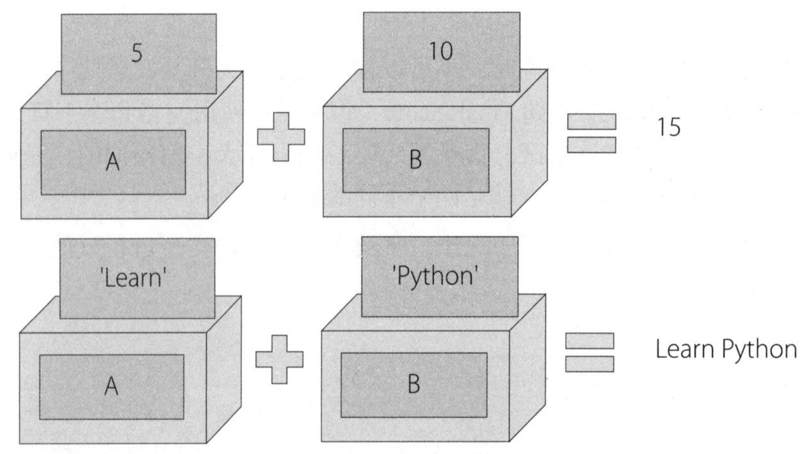

更多与变量相关的语法规则，读者可以查看下面这个口诀。

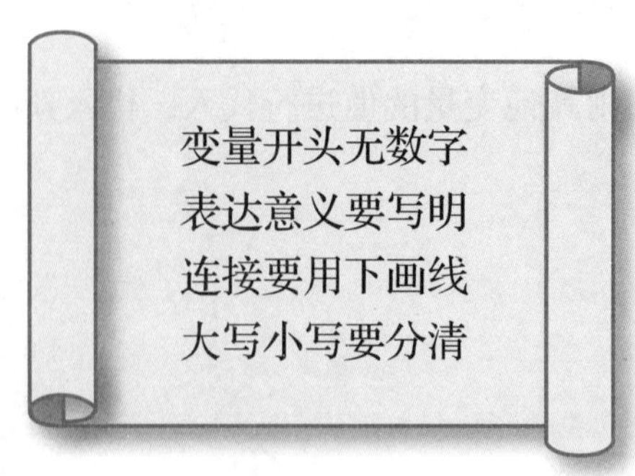

① **变量开头无数字：**变量名只能用字母或下画线开头。
② **表达意义要写明：**写变量名时一定要清楚，以便于判断和查找。
③ **连接要用下画线：**变量名两个单词间不能用连字符或空格。
④ **大写小写要分清：**注意区分大小写，字符相同但大小写不同时，会被认为是两个不同的变量。

2.2.2 运算

1. 运算的含义

运算，在数学上的概念是：通过已知量的可能组合，获得新的量。在 Python 中我们也可以这样理解：运算就是通过对几个已知的对象进行组合、计算、判断等操作，得到一个新的结果。算数、比较、赋值等运算符可以帮助我们完成计算、逻辑判断等操作，是程序得以运行的小齿轮。

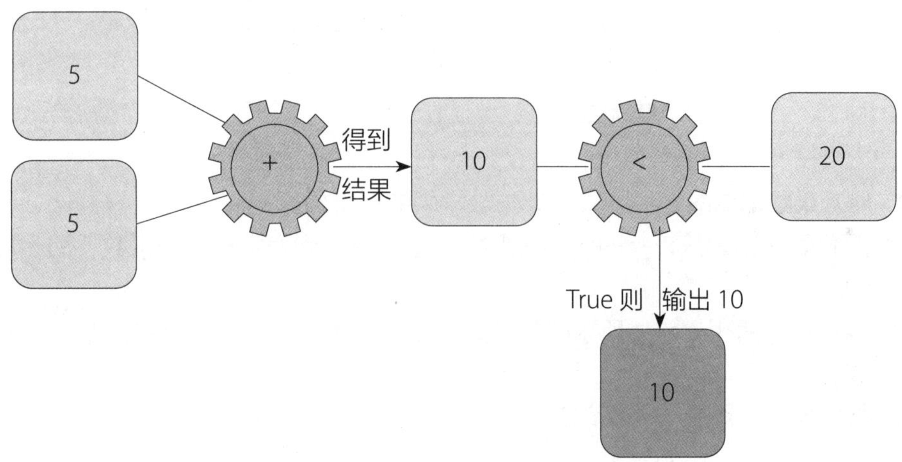

2. 算术运算符

运算中最常使用的就是算术运算符，而算术运算符中的大部分语法符号都与基本的数学运算原理一致，如 5+5=10。表 2.1 是各运算符号的语法功能。

表　2.1

运算符	功能
+	与数学运算中的“加法”功能相同
-	与数学运算中的“减法”功能相同
*	与数学运算中的“乘法”功能相同
/	与数学运算中的“除法”功能相同
%	得到的是除法的余数，如 7%2=1
**	幂表示前数的后数次方，如 7**2 表示 7 的二次方
//	得的是商的整数，如 7//2=3

关于算术运算的语法规则，读者可以查看下面这个口诀。

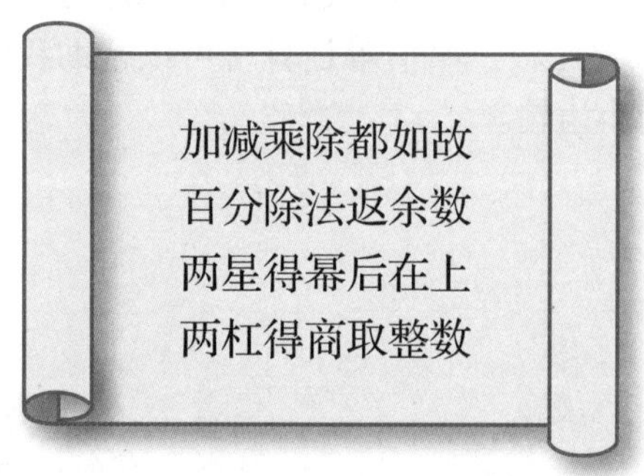

① **加减乘除都如故：** 加减乘除都与数学中的运算原理相同。

② **百分除法返余数：** % 的作用是取模，也就是得到两数相除的余数，即 a%b=a/b 的余数。

③ **两星得幂后在上：** ** 所求的是指数，得到的是前数的后数次方，即 a**b=a 的 b 次方。

④ **两杠得商取整数：** // 取商的整除，即 a//b=a/b 的结果保留整数。

3. 比较运算符

比较运算符可以比较两个对象，常常用作数值对比判断。部分符号功能与我们日常的使用规则一致，如大于号“>”、小于号“<”等，更多运算符号的功能如表 2.2 所示。

表　2.2

运算符	功能
>	a>b 比较 a 是否大于 b，如果是，则输出结果为 True
<	a<b 比较 a 是否小于 b，如果是，则输出结果为 True
>=	a>b 比较 a 是否大于等于 b，如果是，则输出结果为 True

续表

运算符	功能
<=	a<b 比较 a 是否小于等于 b，如果是，则输出结果为 True
==	a==b 比较 a 是否等于 b，如果是，则输出结果为 True
!=	a!=b 比较 a 与 b 是否不相等，如果是，则输出结果为 True

4. 赋值运算符

赋值运算符可以将运算、赋值两个功能结合起来，是简化公式的写法，常用做数据更新或重复多次的运算，语法形式为“算数运算符 搭配 等号”。例如，总分 += 附加分，这个公式的含义是：总分 = 总分 + 附加分，在使用这个公式之后，当前的总分会被更新。再如，a+=1 表示 a=a+1，这个赋值运算公式表示需要给 a 原来的值增加 1，而使用公式后 a 的值已经更新。部分运算符号的功能如表 2.3 所示。

表 2.3

运算符	功能
=	简单赋值，如 a=1
+=	加法赋值，a+=1 表示 a=a+1
-=	减法赋值，a-=1 表示 a=a-1
*=	乘法赋值，a*=1 表示 a=a*1
/=	除法赋值，a/=1 表示 a=a/1
%=	取模赋值，a%=2 表示 a=a%2，也就是 a=a/2 的余数
**=	幂赋值，a**=2 表示 a=a**2，也就是 a=a 的 2 次方
//=	取整数赋值，a//=2 表示 a=a//2，也就是 a=a/2 商的整数

关于赋值运算的语法规则，读者可以查看下面这个口诀。

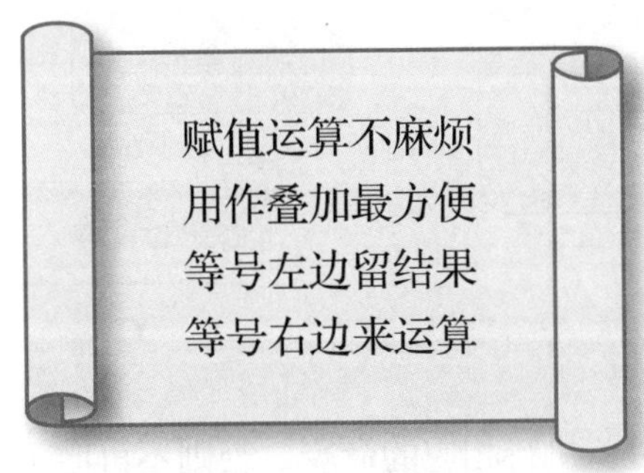

① **赋值运算不麻烦，用作叠加最方便：** 可以用作对一个变量赋值的更新。

② **等号左边留结果，等号右边来运算：** 赋值运算式 a+=b 等于 a=a+b。

2.2.3 条件

1. 条件的含义

代码命令是从上到下依次执行的，在此过程中，只需对某一部分对象继续执行命令，或只在满足特定条件的情况下继续运行，其他情况下不进行运算，这个时候就需要使用条件语句完成判断和执行。条件语句的标志是 if，和英语中的 if 条件句表达的是相同的含义，我们也可以将其意义理解为“如果……那么……”。

在编程过程中，常常需要对选择的对象进行筛选。例如，在一个词表中找出所有词长为 10 个字符以上的单词，就要用条件语句先对操作对象进行预先判断和过滤，再对符合条件的对象进行后续的运行操作。

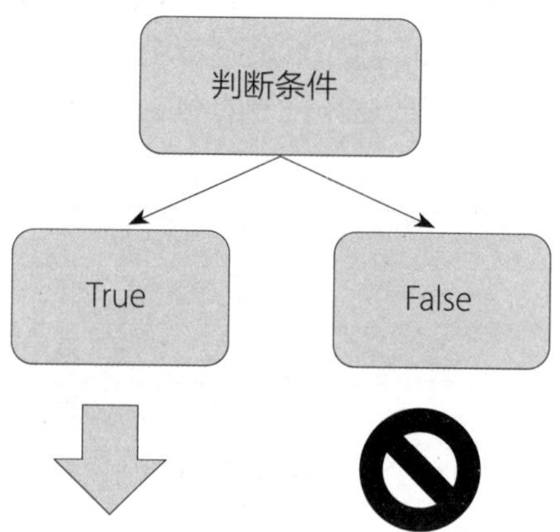

2. 条件语句的形式

条件语句常用于判断和过滤，其语法形式如下：

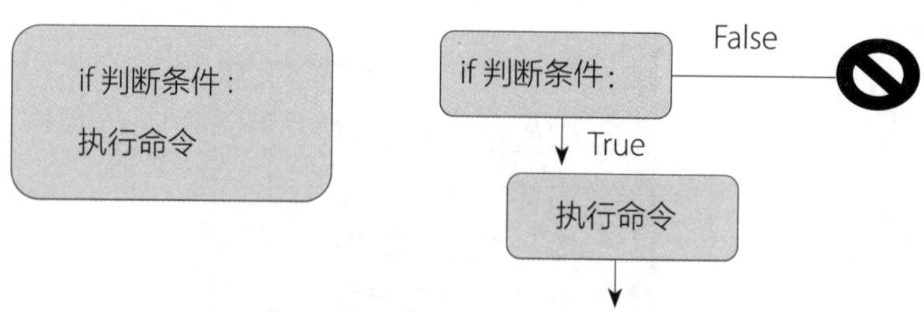

当判断结果为 True 时，执行相应的命令，否则不再向下执行。注意：语句“if 判断条件：”中的冒号一定要写，否则代码无法正常运行。

在下面这个案例中，若单词 Python 出现在列表 ListA 当中，则输出列表。

```
ListA=[ 'Python' , 'English', 'learning' ]
WordA= 'Python'
if WordA in ListA:
   print(ListA)
得到结果：
[ 'Python' , 'English', 'learning' ]
```

如果 if 条件不成立，我们也可以要求代码执行另一种结果。

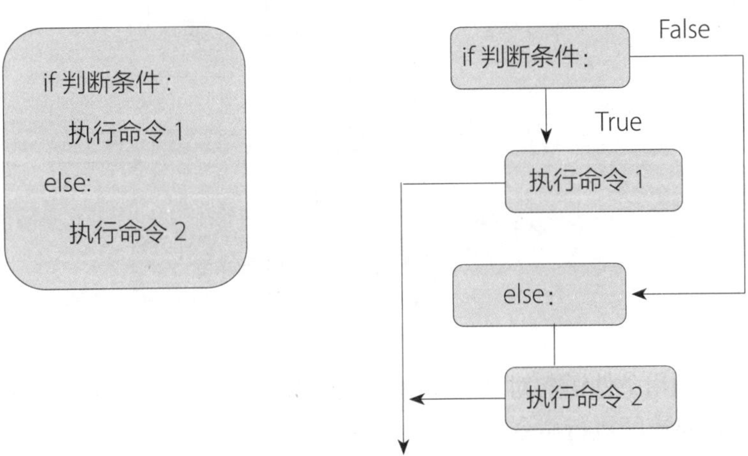

下面这个案例用条件语句判断变量 NumberA 的数值大小。如果 NumberA 数值大于 5，则输出“Yes”；如果 NumberA 数值小于 5，则输出“No”。NumberA 的值为 3，在代码中执行了 else 对应的命令，最后输出结果为“No”。

```
NumberA=3
if NumberA > 5:
   print( 'Yes' )
else:
   print( 'No')
得到结果：
No
```

条件语句还支持三种以上判断条件并存的情况，只要符合其中一种情况，就执行相应的命令。

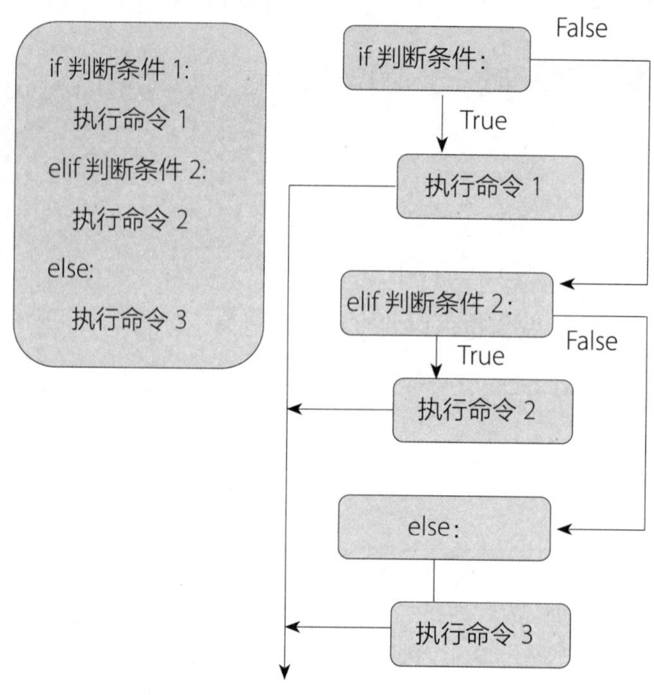

下面这个案例用条件语句对 WordB 的值进行验证，在前两个条件均不符合的情况下，则输出 else 对应的执行命令。

```
WordB = 'Python'
if WordB == 'English':
    print('WordB 的值为 ',WordB)
elif WordB == 'learning':
    print('WordB 的值为 ',WordB)
else:
    print('WordB 的值不是 English 或 learning')
得到结果:
WordB 的值不是 English 或 learning
```

思考：

在上面这个案例中，if 语句的判断条件里为何使用"=="而不用"="呢？

（我们需要了解一个要点：在 Python 的 if 语句中不可以进行赋值的操作。"="表示赋值，"=="表示相等，因此要用 if WordB == 'English' 。）

3. 嵌套条件

条件语句还可以进行嵌套，并同时判断是否满足多个条件。当同时满足判断条件 1 和判断条件 2 时，执行命令 1。

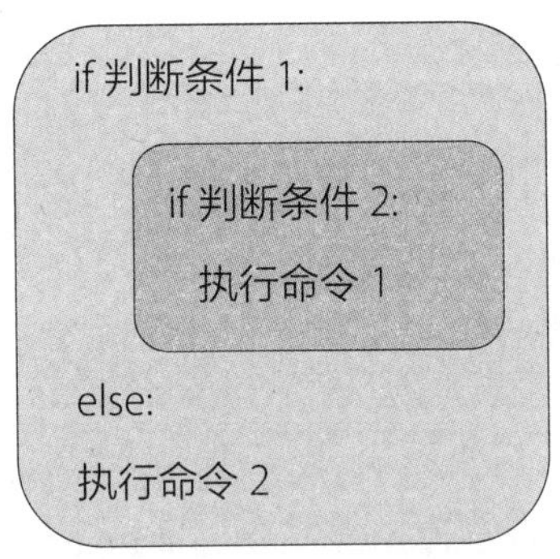

在书写嵌套条件时一定要注意左端缩进是否对齐，我们用左端缩进区分外部条件语句组和内部条件语句组。缩进格式正确，代码才能正确运行。

在下面这个案例中，我们可以在一个词表里得到词长在 1~5 个字符之间的单词，如：

```
listA=[ 'I','love','Python' ]
# 设置 listA 中的元素为变量 a，利用 for 循环逐一访问列表元素
for a in listA:
        if len(a)>1:
                if len(a)<5:
                        print(a)
得到结果：
love
```

注意：len() 指令可计算字符串长度，本书在第 3 章指令讲解中会进行说明。

条件语句常与循环语句一起搭配使用，在多个对象中进行判断和筛选，读者可以重点关注。这里的 for 循环语句会在下一节中有具体说明。

2.2.4 循环

1. 循环的定义

循环是 Python 操作中的常用语句，可以访问多个元素。这就好像是老师对全班的学生进行逐一点名，被点到的学生要去完成老师布置的任务，然后老师再进行下一个学生的点名，直到班内没有未被点名的学生，本次点名活动才结束。列表、元组、字典、字符串均可使用循环语句进行元素的逐一访问。

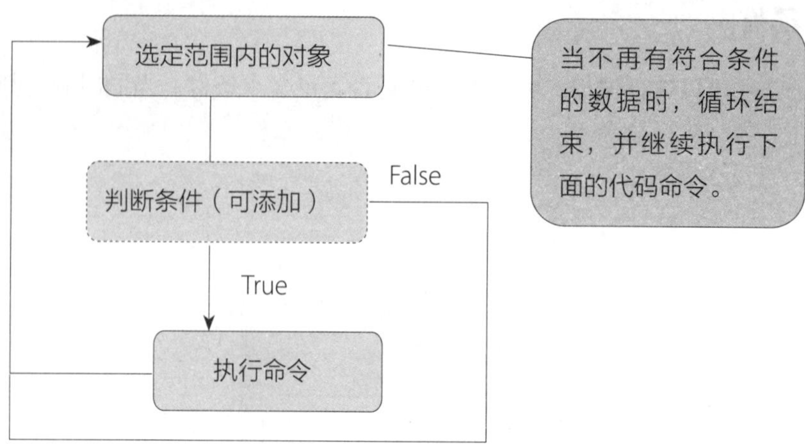

那么，循环具体可以起到什么作用呢？我们通过下面这组案例了解一下：

```
listA=[ 'I','love','Python' ]
print( listA[0] )
print( listA[1] )
print( listA[2] )
得到结果:
I
love
Python
```

在上面这段代码中，由于列表中只有3个单词，所以我们可以手动完成这个需求。那么如果列表中的单词个数是 1 000 个，或 10 000 个呢？当需要对多个对象进行相同的操作时，手动操作运算的方式效率太低，这时循环语句就可以帮助我们用简洁的代码完成需求。即使 ListA 中存有成百上千个元素，也可以通过 for 循环一一输出，如：

```
ListA=[ 'I','love','Python' ]
# 设置变量 a 为列表 ListA 中的元素，使用 for 循环对列表中的所有元素进行访问
for a in ListA:
        print(a)
得到结果:
I
love
Python
```

2. 循环语句的使用

在大部分情况下，使用 for 循环和 while 循环都可以实现一个需求。它们两个的区别在于：for 循环是已知循环次数的，写作 for in 循环，也就是说在已知范围内的操作，如一句话、一个词表；而 while 循环是未知范围内的无限次循环。在大部分情况下，我们掌握 for 循环的方法即可。注意：语句中的冒号一定要写，否则代码无法正常运行。

```
基本语句
for 选定范围 :
    执行命令
```

```
体现循环结束
for 选定范围 :
    执行命令 1
else:
    执行命令 2
```

```
加入判断条件
for 选定范围 :
    if 判断条件 :
        执行命令
```

在 for 循环语句后加入 else 句式，就会在循环结束后执行另一个命令，可以作为循环结束的标志，如：

```
ListA=[ 'Python','programming' ]
# 设置变量 a 为列表 ListA 中的元素，使用 for 循环对列表中的所有元素进行访问
for a in ListA:
        print(a)
else:
        print( 'keywords above' )
得到结果：
Python
programming
keywords above
```

另外， for 循环语句还可以加入条件语句，作为判断和筛选的条件。当判断结果为 True 时，执行相应的命令；当范围内不再有符合条件的对象时，循环结束。

接下来，我们在 for 循环中添加条件，计算列表中单词“love”出现的频次，如：

```
ListA=[ 'I','love','Python','love' ]
# 首先设置变量 count，记录 love 出现的次数，最开始赋值为 0
count=0
# 使用 for 循环逐一访问列表中的单词，设置变量 n 为 ListA 中的任一元素
for n in ListA:
```

```
        # 使用 if 语句挑选符合条件的元素，列表中出现一次“love”，就为 count 赋值 +1
        if n == 'love':
                count+=1
print( 'ListA 中 love 共出现次数为：',count)
得到结果
ListA 中 love 共出现次数为：2
```

循环语句的范围主要涉及数字、列表和字典，这几类数据类型的循环语句理解方式如下所示。

在数字范围中使用 for 数字 in 数字范围 : 执行命令	在字典中使用 for 关键字 in 字典 : 执行命令
在列表中使用 for 元素 in 列表名 : 执行命令	for 值 in 字典 .values(): 执行命令
	for 键值对 in 字典 .items(): 执行命令

对数字范围使用循环，主要通过 range() 实现。range() 指令用于创建一个数字区间，通常写作 range(5) 或 range(0, 5)，表示自 0 开始，生成 0~4 的 5 个整数（不包括 5）。使用 for 循环可以访问一个范围中的每个数字：

0	1	2	3	4
range(0,5)				

0	1	2	3	4
range(5)				

```
for num in range(3):
    print(num)
得到结果：
0
1
2
```

对列表使用循环，可以访问列表中的每一个元素：

```
ListA=[ 'I','love','Python' ]
for a in ListA:
    print(a)
得到结果：
I
love
Python
```

对字典使用循环，可以访问字典中每一组键值对、每一个关键字或每一个值，提取两组数据或只提取其中一组数据都是可行的。

提取所有关键字（冒号前的数据）：

```
A={' 张同学 ':90,' 王同学 ':80}
for key in A.keys():
    print(key)
得到结果：
张同学
王同学
```

提取所有值（冒号后的数据）：

```
A={' 张同学 ':90,' 王同学 ':80}
for value in A.values():
    print(value)
得到结果：
90
80
```

提取所有键值对（字典中每一组数据）：

```
A={ ' 张同学 ':90,' 王同学 ':80 }
for item in A.items():
    print(item)
得到结果：
( ' 张同学 ', 90 )
( ' 王同学 ', 80 )
```

3. 中断循环

在使用循环的过程中，可以中断语句改变循环流程，如当访问某一项元素后，只取自己需要的部分，就不再访问后续的其他元素。中断循环主要使用 break 命令和 continue 命令，两者之间的差别在于：break 命令会中断整个循环，程序运行会直接跳转到 for 循环语句之后的操作；continue 命令只中断当前对象的循环，也就是说只跳过一些元素，而程序运行会跳转到下一个对象，循环过程继续。我们通过两组代码来理解 break 命令与 continue 命令的区别。

（1）break 命令结束整个循环，循环只进行至元素 'Python'：

```
ListA=['I','love','Python','programming']
for a in ListA:
    if a == 'Python':
        break
    print(a)
```

```
得到结果：
I
love
```

（2）continue 命令跳过当前元素的循环，在元素 'Python' 后继续循环：

```
ListA=['I','love','Python','programming']
for a in ListA:
    if a == 'Python':
        continue
    print(a)
```

```
得到结果：
I
love
programming
```

4. 嵌套循环

在 for 循环中可以进行嵌套循环，同时完成两组循环，其语法形式为：

```
for 变量 1 in 序列 1:
    for 变量 2 in 序列 2:
        执行命令
```

通常情况下，当需要使用两个不同范围内的数据对象时会用到嵌套循环。例如，我们需要让 A 组学生和 B 组学生按顺序组成一对一的两人学习小组，那么用嵌套循环的形式，就可以写成以下形式：

```
for student1 in groupA:
    for student2 in groupB:
        print(A+B)
```

下面这个案例利用嵌套循环来完成两个词表重叠部分的提取：

```
ListA=['English','Maths','Science','Python']
ListB=['Python','Program','Compile','Science']
# 创建空列表用于存储两个列表中均存在的单词
ListC=[]
# 使用 for 循环逐一访问列表中的单词，将两表中相同的元素存入新列表
for m in ListA:
    for n in ListB:
        if m == n:
            #append() 可用于在原列表中加入新元素，此处使用变量 m 或 n 都
            可以
```

```
ListC.append(n)
print(' 两个词表中均存在的单词是：',ListC)
得到结果：
两个词表中均存在的单词是： ['Science', 'Python']
```

5. 列表解析式

在编程时若要创建新列表，可以利用 for 循环完成创建列表。逻辑过程非常清晰，但输出的代码较多。我们在这里为读者介绍一个新的概念：列表解析式。它是指对原列表（和 for 循环一样，列表、元组、字典、字符串均可操作）中符合条件的元素按需求进行相应转换后，放入新的列表。相较于 for 循环而言，这种创建列表的方式更加简洁、方便，运行速度也更快，其语法形式为：列表名=[结果表达式 for 变量名 in 原序列 if 条件]。

下面这个例子展示了两种编写方式的区别。我们为原词表中每个单词增加后缀“ship”，将修改后的单词存入新的列表，利用 for 循环完成这个操作。

```
ListA=['friend','hard','relation']
# 创建新的列表存储更改后的单词
ListB=[ ]
# 使用 for 循环逐一访问列表中的单词，设置变量 n 为 ListA 中的任一元素
for n in ListA:
    # 在原列表单词后添加后缀，利用 append() 指令将新的单词存入空列表 ListB
    ListB.append(n+'ship')
# 最后即可输出结果
print(' 新的词表为：',ListB)
得到结果
新的词表为：['friendship', 'hardship', 'relationship']
```

我们试着用列表解析式的形式，将上面这段 for 循环的代码翻译一下：

列表名=[结果表达式 for 变量名 in 原列表]

ListB=[n+'ship' for n in ListA]

接下来，我们利用列表解析式完成以上这个需求，使用的代码非常简单，操作过程如下：

```
ListA=['friend','hard','relation']
# 创建新的列表存储更改后的单词
ListB=[n+'ship' for n in ListA]
# 最后即可输出结果
print(' 新的词表为：',ListB)
得到结果
新的词表为：['friendship', 'hardship', 'relationship']
```

我们再为以上操作增加一个条件判断：只对原词表中词长达到 7 个字以上的单词执行操作，将循环语句翻译为列表解析式：

列表名=[结果表达式 for 变量名 in 原列表 if 条件]

ListB=[n+'ship' for n in ListA if len(n)>7]

运行代码后得到结果：

```
ListA=['friend','hard','relation']
# 创建新的列表存储更改后的单词，词长大于 7 个字符是过滤条件
ListB=[n+'ship' for n in ListA if len(n)>7]
# 最后即可输出结果
print(' 新的词表为：',ListB)
得到结果
新的词表为：[ 'relationship']
```

列表解析式中可以进行多个条件的判断：

列表名=[结果表达式 for 变量名 in 原列表 if 条件 1 and 条件 2]

ListB=[n+'ship' for n in ListA if len(n)>7 and 'ship' not in n]

```
ListA=['friend','hard','relation','membership']
# 创建新列表存储修改后的单词，过滤条件同时满足 " 词长大于 7"+" 原词不含 ship"
ListB=[n+'ship' for n in ListA if len(n)>7 and 'ship' not in n]
# 最后即可输出结果
print(' 新的词表为：',ListB)
得到结果：
新的词表为：['relationship']
```

我们还可以将嵌套循环放入列表解析式，同时进行多组数据的判断和筛选：

列表名=[结果表达式 for 变量名 1 in 原列表 1 for 变量名 2 in 原列表 2]

ListB=[m+n for m in ListA for n in ListB]

接下来，我们利用列表解析式提取两个词表中相同的单词：

```
ListA=['English','Maths','Science','Python']
ListB=['Python','Program','Compile','Science']
# 利用列表解析式提取两个列表中相同的元素
ListC=[n for m in ListA for n in ListB if m==n]
# 输出结果
print(' 两个词表中均存在的单词是：',ListC)
输出结果：
两个词表中均存在的单词是： ['Science', 'Python']
```

所有的列表解析式都可以改写为 for 循环语句，那么，是否所有 for 循环都可以利用列表解析式完成呢？并不是这样的。我们要明确一点：列表解析式是一种简洁的代码操作，可以代替较繁杂的 for 循环语句完成一些简单的编写需求。如果原本操作的逻辑就比较复杂，那么直接使用 for 循环语句即可，使用列表解析式反而容易造成编写失误和理解上的困难。

关于条件语句和循环语句的语法规则，读者可以查看下面这个口诀。

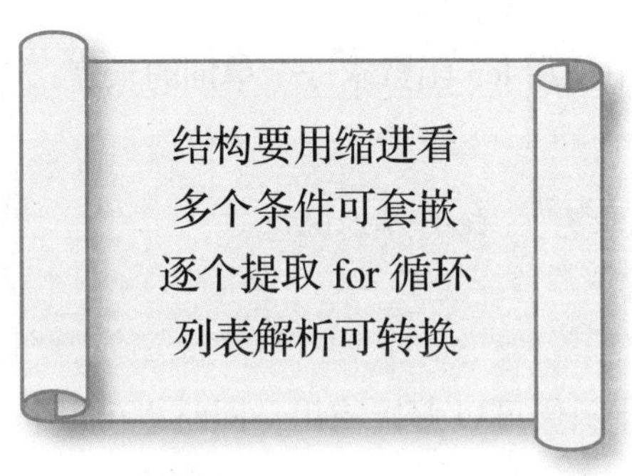

① **结构要用缩进看：** 在编写条件、循环语句时，一定要注意相应的缩进格式，正确缩进才能使代码正常运行。

② **多个条件可套嵌：** if 条件中可以再套入 if 条件，循环语句中可以再套入循环语句。

③ **逐个提取 for 循环：** for 循环是对序列中的元素进行逐一访问。

④ **列表解析可转换：** 部分简单的 for 循环操作可以转换为列表解析式，语句更加简洁，运行速度也更快。

2.2.5 函数

1. 函数的含义

函数是用于完成特定功能的代码块，是一套功能指令。对一个变量使用函数可得到一个新的变量，利用函数就可以完成想要达成的特定操作。函数就像是烤饼干的模具，将原料倒入不同模具就可以得到不同形状的饼干。函数的语法形式为：函数名（执行对象）。

print 函数用于输出结果，输出的对象可以是字符串、变量、运算等。例如，使用 print 函数可以得到：

```
print('Hello Python!')
得到结果
Hello Python!
```

函数可以进行嵌套，即在一个函数中套用另一个函数，语法形式为：函数 1(函数 2(执行对象))。

例如，在 print 函数中使用 len 函数求一个单词的长度：

```
Word= 'Python'
print( 'Python 的词长为：', len(WordA))
得到结果
Python 的词长为：6
```

Python 中有部分内建函数可以直接使用，同时也可以通过导入第三方模块的形式加载一些函数使用。

2. 自定义函数

Python 还支持函数自定义，当现有函数无法满足需求时，读者可以根据具体需求编写函数，并在不同的对象上进行不限次数的调用。自定义函数的语法形式如下，在调用函数时直接使用定义的函数名 ()。

```
def 函数名 ( 函数语句中涉及的变量名 ):
        执行内容语句 1
        执行内容语句 2
        ...
    return 返回值 ( 根据需求这一步可省略 )
函数名 ( 执行对象 )
```

我们通过下面这个案例了解一下自定义函数的使用原理。

```
# 定义 funA() 函数，计算词长的 2 倍数，() 中放入需要的变量单词 WordA
def funA(WordA):
    print(' 该单词词长的 2 倍为：',len(WordA*2))
# 调用自定义函数计算“Python”的 2 倍词长
funA('Python')
```

```
得到结果：
该单词词长的 2 倍为：12
```

注意：自定义函数的格式要求 def 那行的冒号不可以省略，执行内容语句前需要缩进，调用函数时语句需要顶格写。

3. 嵌套函数

函数中可以嵌套其他函数，两层函数共同作用，完成多个功能或多个操作的叠加使用。例如，print(len('Python')) 就是一个函数嵌套形式，能同时满足单词词长计算和输出的需求。

自定义函数的嵌套在语法书写上相对复杂一些，但逻辑一致。我们通过下面这个案例了解一下。

```
# 定义 funA() 函数输出前词 WordA
def funA(WordA):
    print(WordA)
    # 定义 funB() 函数输出后词 WordB
    def funB(WordB):
        print(WordB)
    # 调用内部函数 funB
    funB('Python')
# 调用自定义函数
funA('learn')
得到结果：
learn
Python
```

需要注意的是，内部函数只能在整个嵌套函数语句中使用，否则会造成运行失败。以上例这段代码为例，内部函数 funB() 只能在 funA() 函数中调用，如果在调用时跳出外部函数，与“def funA()”语句对齐，则运行失败。错误书写如下：

```
def funA(WordA):
    print(WordA)
    def funB(WordB):
        print(WordB)
funA('learn')
funB('Python')
得到结果：
NameError: name 'funB' is not defined
```

更多关于函数的语法规则，读者可以查看下面这个口诀。

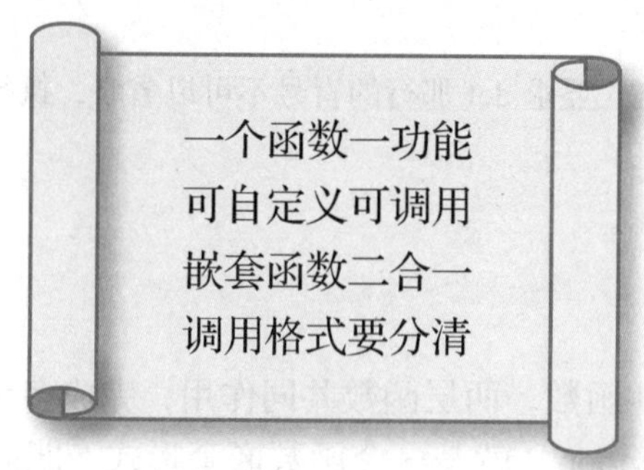

① **一个函数一功能：** 一个函数对应一套功能。

② **可自定义可调用：** 可以自定义函数，需要时使用函数名（对象）调用。

③ **嵌套函数二合一：** 函数中可以嵌套其他函数。

④ **调用格式要分清：** 自定义函数在嵌套时要注意调用格式是否正确，内部的函数只能在嵌套函数的语句内进行调用，在嵌套语句外无法成功调用内部函数。

编写函数听起来有难度，但原理非常简单，我们在后面的章节中还会一起挑战函数在实战中的应用。另外，本书第 3 章会介绍基础函数的使用，请读者继续学习。

2.3 两个基础操作，这是 Python 的应用法

2.3.1 第三方模块安装与导入

当 Python 内置函数功能无法解决相应需求时，可以借助一些外部的第三方模块函数处理，这些模块在使用前要先进行安装和导入。

第三方模块涉及三个概念：“模块”“包”“库”。三者的区别是：模块中存有定义好的函数和变量，需要使用这些函数时，就导入相应模块，我们可以把一个 .py 文件理解为一个模块。“库”与“包”都是模块的集合。实际上，我们可以把这三者都理解为模块，安装、导入的基本方法没有区别。

1. 模块安装

本书中涉及的第三方模块已在学习平台演示案例中安装，读者进行在线浏览和操作前，无须自行安装。若在日后的学习过程中，读者希望在本地的 Python 环境中使用第三方模块，可以用下面的方法进行在线安装。

（1）按 WIN+R 组合键打开运行窗口；

（2）在运行窗口中输入 cmd，按回车键。

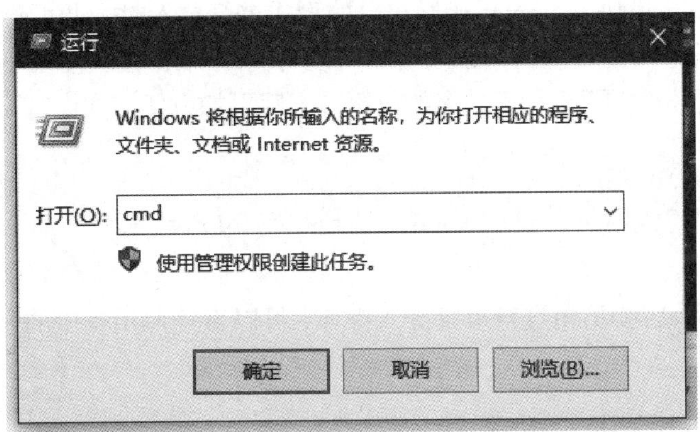

在 cmd 窗口中输入 pip install 模块名称，如 pip install pandas。按回车键后，开始下载安装模块，在使用时导入即可。

2. 模块导入

在调用模块函数时，我们通常将 import 模块操作放在前面，以便后续应用，其语法形式主要体现为两种：

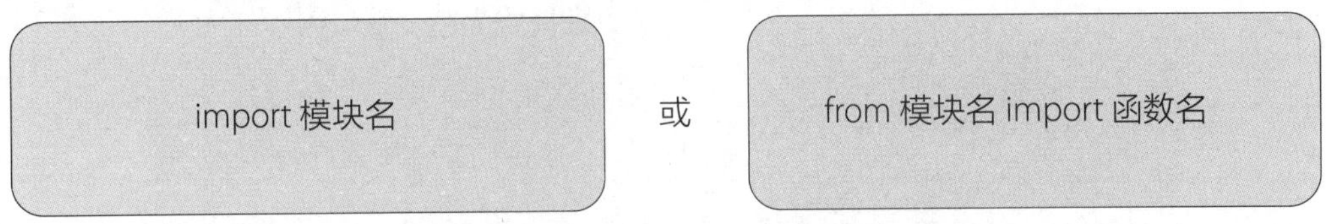

这两种形式在使用方法上有所区别，在用“import 模块名”导入时，调用函数须添加模块名前缀“模块名 . 函数名 ()”，如：

```
import pigai
res=pigai.sent_to_word('father and mother i love you')
print(res)
```

我们还可以为模块名称取一个代称，用简短的文字符号代替原模块名称，在使用时更加方便书写，如：

```
import pigai as pg
res=pg.sent_to_word('father and mother i love you')
print(res)
```

当使用“from 模块名 import 函数名”的形式进行导入时，调用函数时直接使用函数名即可，如需导入模块中的全部内容，可以写为“from 模块名 import *”。在这种形式中，调用函数不需要添加函数名的前缀，书写更加方便，如：

```
from pigai import *
res=sent_to_word('father and mother i love you')
print(res)
```

模块导入后，后续不用进行重复导入操作，可以直接调用其中的函数和数据内容。

2.3.2 文件调用读取与写入

在教学或语言研究过程中，Python 可以帮助教师完成大量的语言文本分析需求，而这些文本可能存储在本地文件中。因此，我们在这一部分主要为读者介绍一下文本文件的分析处理方式。

调用文件可以通过 open() 函数实现，语法形式如下：

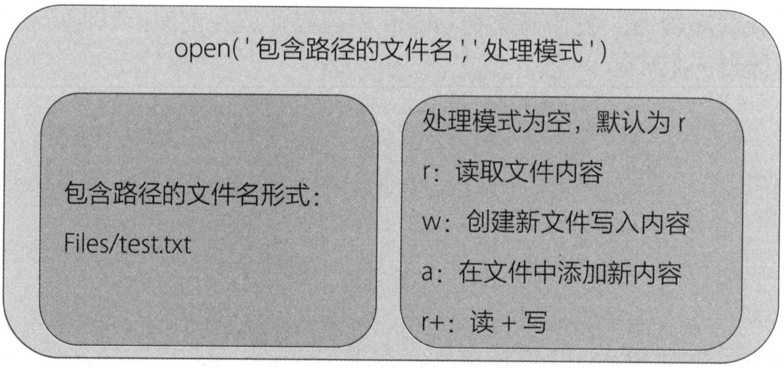

open('包含路径的文件名 ', ' 处理模式 ')

包含路径的文件名形式：

Files/test.txt

处理模式为空，默认为 r

r：读取文件内容

w：创建新文件写入内容

a：在文件中添加新内容

r+：读 + 写

在学习平台上调用文件时，需要先上传文件，并按照平台上的目录路径进行读取。“云存储”的形式可以较大程度地避免路径书写的错误，同时也方便管理文本语料。读者可以单击首页右上角的 upload 选项进行操作，将文件统一存放在一个文件夹下。若将文档 test.txt 存入文件夹 Files，则包含路径的文件名为 Files/test.txt。文件路径名一定要书写正确，否则无法成功找到文件。

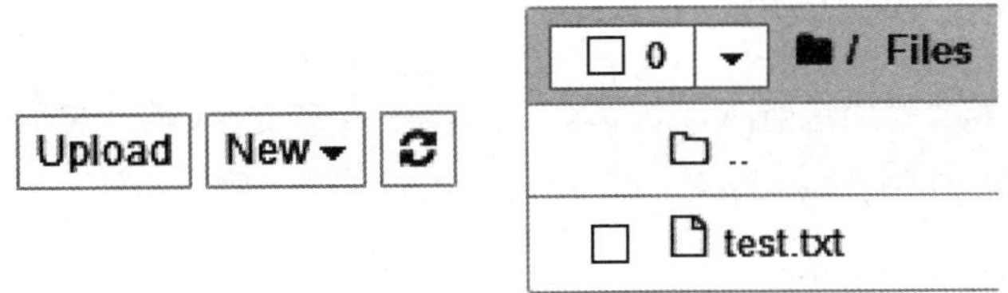

在打开文件时不能直接使用文件，需要先将文件内容放入一个初变量中，这个初变量就是文件与后续操作之间的纽带。此时，这个初变量还没有具体形态，不能直接输出，需要对它进行读取操作，才能得到其中的文本内容。当操作完成后，使用 close() 关闭文件。

```
f = open('Files/test.txt')
res = f.read()
print(res)
f.close()
```

除以上的调用方法外，还可以使用 with 的写法，省略 close 的步骤，在使用 with 写法时要注意格式缩进：

```
with open('Files/test.txt') as f:
    res=f.read()
    print(res)
```

在读取 txt 文件时，共有以下几种方式：

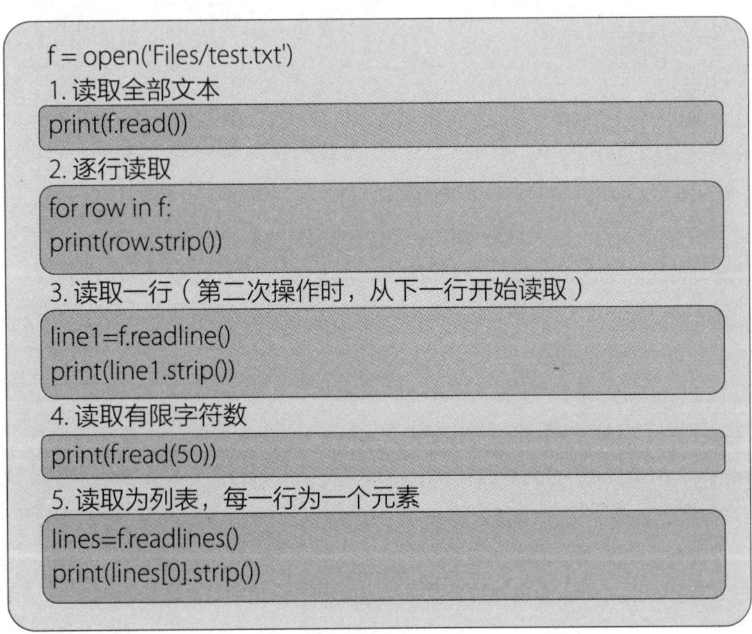

在写入文件时，可以使用以下方式：

```
1. 将文件内容替换为新内容，或创建一个新文件存储内容
f = open('Files/test.txt','w')
f.write('new words')
f.close()
2. 保留原文件内容，并加入新内容
f = open('Files/test.txt','a')
f.write('add new words')
f.close()
```

有时需要指定编码格式，否则会遇到乱码，特别是在文档中包含中文的情况下。指定编码格式为（编码格式须放在读取形式之后）：f = open('Files/test.txt', 'w', encoding='utf8')

拓展内容

在教研过程中，读者可能会遇到处理多个文件的情况。因此，我们在这里为读者介绍如何合并一个文件夹中的所有文档内容。先导入内置模块 OS，利用其中的 listdir() 获取文件夹中所有文档名称，分别得到这些文档的存放路径，如：

```
# 从 os 模块导入 listdir()
from os import listdir
# 设置文件夹路径
path = 'Files'
# 利用 listdir() 获取文件夹下所有文件名
fileList= listdir(path)
# 创建一个新文档，存放所有文档内容
newFile = open('Files/result.txt', 'w')
# 利用 for 循环逐一访问文件夹中的所有文档
for file in fileList:
    # 设置文档存放路径
    filePath = path+"/"+file;
    # 根据路径找到文件并逐行读取文本
    for line in open(filePath):
        # 将文本写入新文档
        newFile.write(line)
        newFile.write('\n')
newFile.close()
```

除 txt 格式文档外，我们再为读者介绍一下 excel 表格文件的调用方法。读取 excel 文件前需要导入 pandas 模块相关功能：

```
1. 读取 excel
from pandas import read_excel
data=read_excel(' 包含路径的文件名 ', 'sheet 名 ')
 # 读取指定位置的数据可以用 iloc[ 行位置，列位置 ] 实现
print (data.iloc[0,:]) # 输出第 1 行（索引位置为 0）的所有数据
print (data.iloc[:,1]) # 输出第 2 列（索引位置为 1）的所有数据
2. 写入 excel
from pandas import DataFrame
from pandas import to_excel
data={'name':['A','B','C'],'score':[90,80,70]}
res=DataFrame(data)
res.to_excel('new.xlsx")
```

可以看到，使用 iloc 可以定位相应索引位置上的表格内容。索引规律与我们之前介绍的标准一致，从 0 开始计起。注意：在 Python 读取 excel 文件时，会默认将首行内容看作列名，因此首行内容是不具有索引标记的。如果表格中只有具体数据而不存在首行列名，那么在读取时需要使用参数 header=None，表示此表格中不存在列名。同一表格受 header 参数影响的读取差异如下所示：

自动读取首行为列名

read_excel('test.xlsx')

	ColumnA	ColumnB	ColumnC
0	A1	B1	C1
1	A2	B2	C2
2	A3	B3	C3

取消读取首行为列名

read_excel('test.xlsx',header=None)

0	ColumnA	ColumnB	ColumnC
1	A1	B1	C1
2	A2	B2	C2
3	A3	B3	C3

这里有一个重要的数据结构 DataFrame，一种表格型数据结构，可根据字典对象进行创建。字典中的“关键字”对应表格的“列”，将字典数据 DataFrame 简化后，得

到的形式如下：

```
from pandas import DataFrame
data={'name':['A','B','C'],'score':[90,80,70]}
res=DataFrame(data)
print(res)
得到结果：
        name   score
0         A      90
1         B      80
2         C      70
```

当需要为原 DataFrame 数据增加一个序列时，可以通过 df [' 序列名 '] = 列表的形式实现：

```
List=[ 20, 20, 40 ]
res ['newscore']=List
print(res)
得到结果：
        name   score  newscore
0         A      90      20
1         B      80      20
2         C      70      40
```

第 3 章

Python 指令：25 个操作技能

写在前面：一个指令完成一项需求

在一些读者的印象中，Python 编程也许意味着深奥的逻辑与繁杂的代码，但其实对于日常使用而言，它并没有那么的深不可测。

一个 Python 编程任务是由很多个小的需求拼接组合而成的。在这些小需求中，大部分都可以通过单个函数或非常简单的编写步骤完成，这些编写步骤就是指令。就好像在一个团队中，每个人都有负责的工作，当遇到困难时，只要具有相应能力的人去解决问题，事情就会水到渠成。

那么对于教师的教学而言，哪些 Python 指令是必须要掌握的呢？本章选取了 25 个常用操作指令满足教师日常教学的一些需求。在掌握这些基础指令后，就可以完成一些编写操作了。

本章介绍的这些指令大部分都可以直接套用，无须复杂的语法逻辑就能得到结果，操作简单，部分指令函数来自第三方模块，使用前要安装相应模块。

读者可以通过线上平台查看和练习相关范例，了解指令的语法规则。

3.1 基础操作指令

基于日常的使用需求，本部分重点介绍 13 种基础操作指令，其中大多涉及字符串、列表、字典等数据对象的常用操作，能满足一些细节需求。本节涉及的指令函数均来源于 Python 内置模块，用户可直接调用。

3.1.1 输出结果——print

在学习 Python 过程中接触到的第一个指令就是 print() 指令，它可以输出结果。当需要将当前编写结果以文字形式展示时，就需要用到这个指令。

print() 基础语法

语法：

```
print ( 对象 1, 对象 2, 对象 3 )
```

示例：

```
print ( 1, 'Python', 3+2 )
```

结果：

```
1 Python 5
```

该指令支持字符、变量、运算等多个形式的内容输出，支持同时输出多组对象。

print() 设置间隔和结尾符号

语法：

print (对象 1, 对象 2, 对象 3, sep='', end='')

示例：

print ('Result', 'One', sep=' ', end=': ')

结果：

Result One

输出多个对象时，默认使用空格分隔，通过指定 sep 参数可以更换间隔符号。另外，print() 结果默认换行，但通过设置 end 参数可以控制输出结果的结尾，使输出结果不换行。

拓展：print() 格式化输出变量

语法：

print (含有格式化字符的字符串 % 变量)

示例：

若变量 a = 'Python'，变量 b = 6

print (' The length of %s is %3d ' % (a, b))

结果：

The length of Python is   6

使用 print() 输出字符串时，除 format 方法之外，还可以使用 % 占位符完成内容替换。其中，%d 对应整数，%f 对应浮点数（小数），%s 对应字符串。添加整数数字可以控制内容所占字符空间，在多行显示格式会更加整齐；%5d 表示占位 5 个字符。

```
#演示1：注意输出运算式可以直接得到其结果
print( 1,'Python',3+2 )
#演示2：指定sep参数可设置对象之间的间隔符
#指定end参数可设置结尾字符，且输出结果不再默认换行
print( 'Result','One',sep=' ',end=': ')
#演示3：注意占位符的应用
a = 'Python'
b = 6
print( ' The length of %s is %3d ' %(a,b))
```

```
1 Python 5
Result One: The length of Python is    6
```

练习

1.（单选题）若在代码编写过程中，需要一个变量 result 的结果验证当前运算步骤是否正确时，可以（　　）。

A. 手动计算一遍　　B. 使用“print(result)”输出该变量的值

C. 使用“print result”输出该变量的值　　D. 使用“result=”输出该变量的值

2.（填空题）如果 ListA=[2*2,'Python','2*2']，则 print(ListA) 的结果为 __________ 。

3.（多选题）'English', '1+2', 1+2，print() 指令对以上三项数据输出的结果分别是（　　）。

A. 'English' 3 3　　B. English 3 3　　C. 'English' '1+2' 3　　D. English 1+2 3

4.（简答题）变量 a='English'，变量 b='Python'，如需输出结果“English+Python”，如何利用 print() 指令完成？

5.（简答题）变量 a={'first':'English', 'second':'Music', 'third':'Maths'}，其中记录的是某班级一天的课程安排，请分别使用 format() 方法和占位符 % 方法，逐行输出“The...class is...”（第……节课是……课）形式的说明文字。

3.1.2 计算长度——len

指令 len() 可以用于计算字符长度，或是列表等容器中的元素个数，在 Python 操作中经常用到。读者可以利用它计算词长、句长等。

len() 对字符串求长

语法：

len (字符串对象)

示例：

len ('I love Python')

结果：

13

对字符串求长时，包括空格在内的字符都会被计入。

len() 对列表求长

语法：

len (列表对象)

示例：

len (['one','two','three'])

结果：

3

对列表求长时，这里的长度是指元素的个数，而不是字符串的总长度。

len() 对字典求长

语法：

len (字典对象)

示例：

len ({'one':1,'two':2,'three':3})

结果：

3

对字典求长时，这里的长度是指关键词的个数，也就是键值对的个数。

```
#演示1：对字符串求长时，所求为字符个数
len ( 'I love Python' )
```

3

```
#演示2：对列表求长时，所求为列表元素个数
len ( ['one','two','three'] )
```

3

```
#演示3：对字典求长时，所求为字典键值对数
len ( {'one':1,'two':2,'three':3} )
```

3

练习

1.（单选题）如果 A='I love Python'，len(A) 得到的结果是（　　）。

A. 13　　B. 11　　C. 1　　D. 3

2.（单选题）如果 ListA=['a','bb','ccc','3+3']，len(ListA) 得到的结果是（　　）。

A. 1　　B. 4　　C. 9　　D. 12

3.（填空题）A='home'，B=['family']，使用 len() 对 A 和 B 分别求长的结果是 ________ 。

4.（多选题）输出结果是 5 的有（　　）。

A. print(len('house'))　　B. print(len(2+3))

C. listA=['a','b','c','d','e']　print(len(listA))　　D. DictA={'a':1,'b':2,'c':2}　print(len(DictA))

5.（简答题）我们可以通过以下几种方法改变数据类型：str()——将数字对象转换为字符串；float()——将整数及字符串形式的数字转换为浮点数；int()——将字符串形式的整数或浮点数对象转换为整数。请观察以下语句，分别写出求长结果；若无法得到结果，请写出理由。

A. len (str (20))　　B. len (str (1+4))　　C. len (float ('100'))

3.1.3 计算频次——count

count() 可以统计数据中的某个元素出现的次数。

count() 基础语法

语法：

字符串 / 列表 .count (查找字符 / 元素)

示例：

'Python'.count ('o')

结果：

1

count() 的语法形式为：字符串 .count(查找字符)，如：str1.count('o') 表示在 str1 这个字符串中 'o' 出现的次数；list1.count('Python') 表示计算在 list1 这个列表中，元素'Python'出现的次数。

count() 设定字符串搜索范围

语法：

字符串 .count (查找元素，起始位置索引值 , 结束位置字符长度)

示例：

str1='I love Python learning.'

print ('love 中 o 出现次数 :', str1.count ('o',2,6))

结果：

love 中 o 出现次数：1

在对字符串进行频次统计时，可以细化查询的范围。未进行参数设置时，默认起始位置为第一个字符（索引值为 0），结束位置为最后一个字符。

count() 计算列表中的元素频次

语法：

列表 .count (查找元素)

示例：

list1=['Python', 'Python learning']

print (' 在列表 list1 中元素 Python 出现频次为：', list1.count ('Python'))

结果：

在列表 list1 中元素'Python'出现频次为：1

在对列表进行元素频次统计时，要注意查找的元素是以一个整体进行统计的，若某个元素中只包含所统计的字符，则不会被计入。在左侧示例中，list1 中的元素 'Python learning' 包含 'Python' 这段字符，但不等同于元素 'Python'，所以不会被计入频次。

```
# count()可计算字符串或列表中某指定元素内容的频次
a='Python'.count('o')
print(a)
b=[1,2,3,1].count(1)
print(b)
```

```
1
2
```

```
# count()在进行字符串检索时可以设置查找范围
str1='I love Python learning.'
print('love中o出现次数:', str1.count('o',2,6))
```

```
love中o出现次数: 1
```

```
# count()进行列表元素计算时，将元素作为整体进行查找和统计
list1=[ 'Python', 'Python learning' ]
print('在列表list1中元素Python出现频次为：', list1.count ('Python'))
```

```
在列表list1中元素Python出现频次为： 1
```

练习

1.（单选题）如果 snt='I love Python'，那么使用 count() 指令计算“o”出现频次的正确语法形式是（　　）。

A. count(snt, 'o')　B. count(snt, o)　C. snt.count('o')　D. snt.count(o)

2.（单选题）如果 snt='I love Python'，那么使用 count() 指令计算“o”在“Python”这段字符中出现频次的正确语法形式是（　　）。

A. snt.count('o', 'Python')　B. snt.count('o',6,11)　C. snt.count('o',8,13)　D. snt.count('o',7,13)

3.（单选题）若列表 ListA=['Python 3',1,2,3,'Python','English']，那么 ListA.count(3) 和 ListA.count('Python') 得到的结果分别是（　　）。

A. 2, 1　B. 2, 2　C. 1, 1　D. 1, 2

4.（多选题）如果 ListA=['Python','Python learning']，求频对象的结果是 1 的有（　　）。

A. list1.count('g')　B. list1.count('Python')　C. list1[0].count('o')　D. list1[1[.count('o',5,8)

5.（简答题）列表 ListA=['Python','Python learning','Python program','English']，若需要计算单词“Python”在列表 ListA 的各元素中出现的总频次，请写出这段代码。

提示：使用 for 循环对列表中各个元素字符串中的 'Python' 进行求频。

3.1.4 求和运算——sum

sum() 可以进行列表等序列的求和操作。

sum() 基本语法

语法：

sum (列表 / 元组等序列)

示例：

sum ([1,2,3,4])

结果：

10

sum() 可以用来进行列表中各元素的求和操作，其语法形式为：sum(列表)。若对字典进行求和，则得到关键字位置上数据的总和。

sum() 追加求和项

语法：

sum (列表 / 元组等序列，指定增加值)

示例：

sum ([1,2,3,4], 1)

结果：

11

sum() 支持在列表求和后再增加一个值，与列表求和结果相加，其语法形式为：sum(列表，指定增加值)。这里需要注意的是，sum() 并不能用于计算多个数字的和，sum(1,2,3) 这样的形式无法得到正确结果。

```
# sum完成列表等序列的求和运算
# 注意sum并不能直接用于多个数字的计算
# sum(1,2,3)这样的形式是错误写法
A=[1,2,3]
B=(1,2,3)
C={1:'a',2:'b',3:'c'}
print('列表求和结果',sum(A))
print('元组求和结果',sum(B))
print('字典求和结果',sum(C))
```

```
列表求和结果 6
元组求和结果 6
字典求和结果 6
```

练习

1.（单选题）如果 ListA=[1,2,3,4]，那么 sum(ListA,3) 的正确结果是（　　）。

A. 10　　B. 3　　C. 13　　D. 6

2.（单选题）如果 ListA=['1','2','3','4']，那么 sum(ListA,3) 的正确结果是（　　）。

A. 无法得到结果　　B. '1234'　　C. 10　　D. '10'

3.（多选题）sum 指令使用正确的是（　　）。

A. sum(1,2,3)　　B. sum(ListA, ListB)　　C. sum(ListA, 3)　　D. sum((2,3))

4.（简答题）如果元组列表 ListA 中存有一篇文章的单词频次数据，数据存储形式为 ListA=[('take',10),('taken',10),('taking',6), ...]，现需要计算每一个单词频次在总频次中的占比，请写出计算总频次的相关语句。

注：可使用列表解析式提取频次数据，形式为 [y for x,y in ListA]。

5.（简答题）如果字典 DictA 中存有一篇文章的单词频次数据，数据存储形式为 DictA={'take':10,'taken':10,'taking':6}，现需要对其中各项值求和，请写出相关语句。

注：可利用字典键值对应的特点，搭配使用列表解析式对成值的提取，形式为 [DictA[x] for x in DictA]。

3.1.5 替换内容——replace

字符串 .replace() 指令用于替换字符串对象中的指定字符，将旧字符串改变为新字符串。

replace() 基本语法

语法：

str.replace（旧字符，新字符）

示例：

```
str1='I love Python learning.'
print ( str1.replace('love', 'like') )
```

结果：

I like Python learning.

字符串 .replace() 指令用于替换字符串对象中的指定字符，将旧字符串改变为新字符串，语法形式为：字符串 .replace（旧字符，新字符）。

replace() 限制替换次数

语法：

str.replace（旧字符，新字符，限制替换次数）

示例：

```
str2='I love Python. I love English.'
print ( str2.replace('love', 'like', 1) )
```

结果：

I like Python. I love English.

我们还可以限制替换次数，如左侧示例，尽管句子中有两处 love，但只要求替换一次的话，第二处 love 就不会改动。

```
# 使用replace()时设置参数时，旧字符在前，新字符在后
str1='I love Python learning.'
print ( str1.replace('love', 'like') )
```

```
I like Python learning.
```

```
# 我们可以限制replace()中的替换次数：如下所示，则只对第一个love进行替换
str2='I love Python. I love English.'
print ( str2.replace('love', 'like', 1) )
```

```
I like Python. I love English.
```

练习

1.（单选题）'abc'.replace('a',' ') 语句的正确结果是（　　）。

A. 'abc'　　B. ' bc'　　C. abc　　D. bc

2.（单选题）对字符串 'abc' 进行字符替换操作，语法正确的是（　　）。

A. 'abc'.replace('a','1')　　B. 'abc'.replace('a',1)　　C. 'abc'.replace('a',A)　　D. 'abc'.replace('a','b','1')

3.（多选题）a = 'I love Python%'，若要去除其中的 % 符号，可行的是（　　）。

A. a.replace('%','')　　B. a.strip('%')　　C. a.strip('%','')　　D. a.replace('%')

4.（填空题）若使用 replace() 将 'a apple' 中的 a 替换为 an，请写出相应语句：__________。

5.（简答题）若列表 ListA=['a','b','c']，现需得到一个新列表，将其中的元素 'a' 全部替换为 'A'，利用 replace() 可以做到吗？如果不行，该如何操作？

3.1.6　创建数字——range

range() 指令常用于创建某数值区间内的一串数字。

range() 生成数字序列方法 1

语法：

range (x) # 表示从 0 开始到 x-1 的数字

示例：

num=range(5)

print (list (num))

结果：

[0, 1, 2, 3, 4]

range() 指令可以创建一个区间内的一串数字，在应用中常配合 for 循环一起使用，以索引顺序为依据进行数据的逐一历遍。range 函数得到的结果本身不是列表类型，要得到或查看数组时，可借助 list() 生成。

range() 生成数字序列方法 2

语法：

range (x, y) # 表示从 x 开始到 y-1 的数字

示例：

num=range(1,5)

print (list (num))

结果：

[1, 2, 3, 4]

除了 range(x) 的形式，还可以用 range(x,y) 的形式。例如，range(0, 5) 表示自 0 开始，生成 0~4 之间的 5 个整数（不包括 5），也就是说 range(5) 与 range(0,5) 产生相同结果。

range() 生成数字序列方法 3

语法：

range (x,y,z) # 表示从 x 开始到 y-1 的数字中每 z 个数字抽取一个数字

示例：

num=range(1,10,2)

print (list (num))

结果：

[1, 3, 5, 7, 9]

当需要一串不连续的数字时，可以用 range (x,y,z) 的形式，表示从 x 开始到 y-1 的数字中每 z 个数字抽取一个数字。

```
# range(x)表示从 0 开始到 x-1的数字
num=range( 5 )
print( list (num) )
```

```
[0, 1, 2, 3, 4]
```

```
# range(x, y)表示从 x 开始到 y-1的数字
num=range( 1,5 )
print( list (num) )
```

```
[1, 2, 3, 4]
```

```
# range(x, y, z)表示从 x 开始到 y-1 的数字中每z个数字抽取一个数字
num=range( 1,10,2 )
print( list (num) )
```

```
[1, 3, 5, 7, 9]
```

练习

1.（单选题）range(5) 的输出结果是（　　）。

A. range(0, 5)　　B. [0,5]　　C. [0,1,2,3,4]　　D. [1,2,3,4,5]

2.（简答题）如需要得到 range(5) 中的所有数字，请写出相应语句。

3.（单选题）如需得到 1~5 数字区间内的所有整数，可以实现的方式为（　　）。

A. list(range(1,6))　　B. list(range(6))　　C. list(range(5))　　D. list(range(1,5))

4.（简答题）如何使用 range() 得到 1~10 的所有基数？

5.（简答题）ListA=['a','b','c','d','e']，如需利用 range() 输出列表中的前三个元素，请写出相应语句。

提示：可使用 for 循环搭配 range() 访问前三个索引值，利用索引位置找到列表中的元素。

3.1.7　分割文本——split

split() 指令可以分割字符串。尽管在后续指令操作中，我们可以通过 NLTK 等库资源的辅助，较为方便地完成分词处理等操作，但 split 是字符串数据对象处理操作中较为常用的一项，在一些细节的、有规律的文本处理工作中可以发挥作用。

split() 基础语法

语法：

字符串 .split（指定字符）

示例：

str1='I love Python, I love language study'

str1.split（','）

结果：

['I love Python', ' I love language study']

split() 可以分割字符串，语法形式为：字符串 .split(指定字符)。

split() 获取词表

语法：

字符串 .split ()

示例：

str2='I love Python'

str2.split ()

结果：

['I', 'love', 'Python']

指定字符为空的话，默认为空格。例如，若想得到一段文字的词表，可以使用 split 函数，用单词间的空格进行分割。当然，如使用此方法获取一个准确的词表结果，要先对文字中的符号进行清洗，否则 split() 会将相邻的符号与文字分割在一起，如 'Python.'。

```
# split()括号中放入的是分割字符，如下所示，以逗号进行分割
str1='I love Python, I love language study'
str1.split(',')
```

```
['I love Python', ' I love language study']
```

```
# 当split()括号中内容为空时，默认以空格进行分割，完成简单的分词操作
str2='I love Python'
str2.split()
```

```
['I', 'love', 'Python']
```

练习

1.（单选题）可分割文本、获取词表的指令为（　　）。

A. len()　　B. count()　　C. split()　　D. range()

2.（简答题）如果 A='I love Python'，请写出 print(A.split()) 的结果。

3.（简答题）若 A='I learn Python and I love Python'，请利用 split() 拆分字符串 A 中的单词。

4.（多选题）可以作为 split() 指令中设置的间隔符的有（　　）。

A. 'P'　　B. ' '　　C. '.'　　D. 2

5.（判断题）针对以下说法，判断正误，正确项用“正”表示，错误项用“误”表示。

A. split() 指令可以用空格分割句子中的单词（　　）

B. split() 指令只能用空格分割句子中的字符（　　）

C. split() 指令可以用文本中出现的任何字符分割文本（　　）

D. split() 指令可以用于拆分词表（　　）

E. split() 指令只用于拆分词表（　　）

3.1.8 拼接字符——join

join() 指令可以将一些元素以指定的字符连接成一个新的字符串，对象可以是字符串、列表、元组、字典等。如果想用指定符号串联多个对象，或合并多段文本，用 join() 就可以完成。

join() 对字符串进行拼接

语法：

' 分隔符 ' .join(字符串对象)

示例：

```
str1='Python'
'-'.join(str1)
```

结果：

'P-y-t-h-o-n'

join() 指令可以将一些元素以指定的字符连接生成一个新的字符串，语法形式为：' 分隔符 ' .join(需要使用该方法的对象)，分隔符为空则默认元素之间直接连接，无分隔符。

join() 对列表元素进行拼接

语法：

' 分隔符 ' .join(列表对象)

示例：

```
list1=['P', 'y', 't', 'h', 'o', 'n']
''.join(list1)
```

结果：

'Python'

join() 指令可以连接列表中的多个元素，如将分散的字符元素拼接为单词。若将列表对象替换为字典对象，那么则会对字典中的关键字进行拼接合并。

拓展：join() 对表格文本内容进行拼接

语法：

' 分隔符 ' .join(DataFrame 对象)

示例：

```
from pandas import read_excel
df1=read_excel('test.xlsx').iloc[:,0]
text=' '.join(df1)
```

结果：

输出 text 可看到合并后的文本

DataFrame 对象中的内容也可以用 join() 方法进行拼接。如左侧示例，若对表格 test.xlsx 中的第一列文本数据进行读取并赋值给 df1，再用 ' '.join(df1) 就可以将这一列文本以空格连接成一个字符串对象，完成文本合并。

```
# join()可以对字符串添加分隔符：'分隔符'.join(字符串对象)
Dict1={'李同学':90,'张同学':88,'王同学':70,'陈同学':81}
''.join(Dict1)
```

'李同学张同学王同学陈同学'

```
# join()可以对列表元素进行拼接：'分隔符'.join(列表对象)
list1=['t','t','z','l']
''.join(list1)
```

'ttzl'

```
# 使用join()对读取的表格文本进行合并
from pandas import read_excel
df1=read_excel('files/test.xlsx',header=None).iloc[:,0]
text = ' '.join(df1)
print(text)
```

He works hard. He cares about his family. This is a warm story.

练习

1.（单选题）若 A='a b c'，则 '-'.join(A) 的正确输出结果为（　　）。

A. a-b-c　　B. a - b - c　　C. a - - b - - c　　D. 'a-b-c'

2.（单选题）A='abc'，若要通过修改 A 得到字符串 'a b c'，正确语句为（　　）。

A. ' '.join(A)　　B. ''.join(A)　　C. A.split(' ')　　D. A.split('')

3.（单选题）ListA=['one','two','three']，若要将 ListA 中的各个字符串元素用空格相连，正确语句为（　　）。

A. ListA.join('')　　B. ListA.join(' ')　　C. ''.join(ListA)　　D. ' '.join(ListA)

4.（单选题）DictA=['one': 1, 'two': 2, 'three': 3]，' '.join(ListA) 的正确输入结果为（　　）。

A. 1 2 3　　B. one 1 two 2 three 3　　C. one two three　　D. ' '.join(ListA)

5. 假设表格中有一列学生作文文本数据，已通过 read_excel() 方法进行读取，读取后的内容赋值在变量 DF 上。现需要使用 join() 方法将所有学生的作文合并为一个字符串以便进行后续处理，请写出实现此需求的相应语句。

3.1.9　插入成分——insert, append

在进行列表的编辑操作时，insert() 和 append() 指令可以完成新元素的插入操作。

insert() 插入成分

语法：

列表 .insert(插入位置，所插入的元素)

示例：

list=['a','b','c','d']

list.insert (1,'Python')

print (list)

结果：

['a', 'Python', 'b', 'c', 'd']

insert() 用于将指定对象插入列表的指定位置，语法形式为：列表 .insert(插入位置，所插入的元素)。注意：这里的位置指的是新元素插入之后所处的位置，也就是在原列表这个位置上的元素前插入新元素，位置编号自左向右依然从 0 开始计算。位置参数为空时，默认插入在最后。此方法会修改原列表。

append() 插入成分

语法：

列表 .append(所插入的元素)

示例：

list=['a','b','c','d']

list.append ('Python')

print (list)

结果：

['a', 'b', 'c', 'd', 'Python']

本书中常用的插入方法为 append()，若对插入位置没有过多要求。当增加新的信息时，一般用此方法。语法形式为：列表 .append(所插入的元素)，新插入元素位置为列表末尾。这种方法与 insert() 一样，会直接修改原列表。

```
# insert()完成列表插入元素：列表.insert(插入位置，所插入的元素)
list=['a','b','c','d']
list.insert(1,'Python')
print(list)
```

```
['a', 'Python', 'b', 'c', 'd']
```

```
# append()完成列表插入元素：列表.append(所插入的元素)
list=['a','b','c','d']
list.append('Python')
print(list)
```

```
['a', 'b', 'c', 'd', 'Python']
```

练习

1.（多选题）若要在列表 ListA 中插入元素 'Python'，正确的方式有（　　）。

A. ListA+'Python'　　B. ListA.insert('Python')

C. ListA.append('Python')　　D. 'Python'.append(ListA)

2.（单选题）若 ListA=['I','love','Python']，现需要在元素 'I' 与 'love' 之间插入元素 'do'，能得到正确结果的有（　　）。

A. ListA.insert(2,'Python')　　B. ListA.insert(1,'Python')

C. ListA.append(2,'Python')　　D. ListA.append(1,'Python')

3.（填空题）ListA=[1,2,3]，若执行语句 ListA.append('Python')，则 print(ListA) 的结果为（　　）。

A. 1 2 3　　B. [1,2,3]　　C. 1 2 3 Python　　D. [1,2,3,'Python']

4.（简答题）ListA=['combine','confirm','compete','conclude']，现需提取列表中所有以 con- 开头的元素并放入列表 ListB，请利用 for 循环搭配 append() 完成相应操作。

提示：判断字符串的起始字符，可使用字符串 .startswith(' 指定字符 ') 的方法。

startwith() 使用示例：

```
ListA = [ 'aa','ab','bb']
for n in ListA:
  if n.startswith('a'):
     print(i)
```

5.（简答题）请尝试在不使用 append() 或 insert() 的情况下，利用列表解析式完成第 4 题的需求，并体会两种方法之间的区别。

提示：列表解析式的语法形式为 [返回值 for 元素 in 可迭代对象 if 条件]。

3.1.10　移除成分——remove, pop

remove() 可以删除序列中的元素。

remove() 删除列表元素

语法：

列表 .remove(需要删除的元素)

示例：

```
list=[1,2,3,'Python']
list.remove('Python')
```

结果：

删除后的 list 值为 [1, 2, 3]

remove() 指令对列表进行删除元素的操作形式为：列表 .remove(需要删除的元素)。该操作会直接改变原列表。当列表中有多个需删除的元素时，remove 只完成其中一项的删除。

```
# remove()为列表移除指定元素：列表.remove(需要删除的元素)
list=[1,2,3,'Python']
list.remove('Python')
print(list)
```

```
[1, 2, 3]
```

当需要利用 remove() 指令删除列表中满足某个条件的所有元素时，可以用列表解析式完成。for 循环在进行循环删除操作时会发生错误，因此不推荐使用。请观察下面这两组代码：

使用列表解析式提取符合条件的元素：

```
# 对列表中的元素进行条件判断并完成删除操作，可通过列表解析式完成
ListA=['A','A','B','C','D']
# 删除列表中的所有'A'
ListB=[ i for i in ListA if i != 'A']
print(ListB)
```

```
['B', 'C', 'D']
```

使用 for 循环删除原列表：

```
# 不推荐使用for循环进行删除列表操作，所得结果会发生错误
# 如需使用，可复制一个新列表，将删除与循环的对象分开
ListA=['A','A','B','C','D']
for i in ListA:
    if i=='A':
        ListA.remove(i)
# 所得结果错误
print(ListA)
```

```
['A', 'B', 'C', 'D']
```

由此可见，for 循环的删除结果并不正确。这是因为，for 循环是根据列表中元素的索引去完成循环动作的，由 0 开始依次向下进行。但当每次循环删除一个元素后，列表的长度就会发生变化，因此其元素的索引值也会发生变化，在后续历遍过程中会漏掉部分元素。例如，当 for 循环判断第一个元素 a（索引为 0）时，若符合条件则删除元素 a，并进行下一次循环。这时，由于删除的操作，原列表中的第二个元素排列到了首位，其索引改变为 0，循环则会跳过它去访问索引位置为 1 的下一个元素，如表 3.1 所示。

表 3.1

索引位置	0	1	2	3	4
第一次循环时，访问索引为 0 的元素 'A' 并将其从 ListA 删除，索引位置发生变化	~~'A'~~	'A'	'B'	'C'	'D'
第二次循环时，继续访问索引为 1 的元素，这时访问的对象是 'B'，漏掉一个元素 'A'	'A'	'B'	'C'	'D'	

除 remove() 外，pop() 指令也可进行元素的删除操作，但两者在使用上有所区别。

pop() 删除序列元素并返回删除项

语法：

列表 .pop(索引位置 默认删除最末项)

示例：

list=[1,2,3,'Python']

A=list.pop()

结果：

print(A) 后得到结果 'Python'

pop() 以索引位置为依据，删除元素并将删除项作为返回值，如 list.pop(0) 代表将列表中的首个元素删除。未设定参数时，pop 默认删除列表末尾的元素并作为返回值，如左侧示例。

```
# 拓展：pop()也可用于删除元素，将删除项作为返回值
list=[1,2,3,'Python']
A=list.pop(0)
print(A)
```

1

练习

1.（单选题）ListA=[1,2,3]，对列表进行 ListA.remove(1) 操作后，ListA 变为（　　）。

A. [2, 3]　　B. [1, 3]　　C. [1, 2, 3]　　D.1

2.（单选题）ListA=[1,2,3]，对列表进行 ListA.pop(1) 操作后，ListA 变为（　　）。

A. [2, 3]　　B. [1, 3]　　C. [1, 2, 3]　　D.1

3.（填空题）ListA 中存有一篇英文文章的分词词表，但其中包含句号，现需删除词表中的句号，请补充相关语句：ListA. __________ 。

4.（单选题）现有列表 ListA=[1,2,3,'Python','Python']，对其使用 ListA.remove('Python') 操作后，ListA 为（　　）。

A. [1, 2, 3, 'Python', 'Python']　　B. ['Python']　　C. [1, 2, 3]　　D.[1, 2, 3, 'Python']

5.（简答题）若 ListA 中已存有一篇文章的分词词表，但其中混杂了符号 %、&、#，现需删除列表中的这些符号，请写出实现该操作的相关语句。

提示：可以用列表解析式搭配条件判断完成，若列表中的元素在这些符号的范围之内，则将其删除。

3.1.11　排列顺序——sorted

sorted() 可以对列表等对象进行排序。

sorted() 进行列表排序（升序）

语法：

sorted（需排序的列表）

示例：

list=['b','a','d','c']

sorted (list)

结果：

['a', 'b', 'c', 'd']

sorted() 可以对内容进行排序，数字排序依据为数字大小，而字符的排序顺序为字母顺序，语法形式为：sorted(需排序的列表)，默认为升序排列。

sorted() 进行列表排序（降序）

语法：

sorted（需排序的列表 , reverse=True）

示例：

list=[4,1,3,2]

sorted（list, reverse=True）

结果：

[4, 3, 2, 1]

进行降序排列时，只要在 sorted() 中添加参数“reverse=True”即可。

拓展：sorted() 按字典关键字排序，生成元组列表

语法：

sorted (字典 .items())

示例：

dict={'e':1,'b':5,'a':3,'d':2,'c':7}

sorted (dict.items())

结果：

[('a', 3), ('b', 5), ('c', 7), ('d', 2), ('e', 1)]

用sorted()对字典进行排序时，会默认仅对关键字排序并生成列表。若要保留键值对，可用sorted(字典 .items()) 的方式，如左侧示例。

注意：将字典按照值进行排序时，用 sorted() 中的 key 参数搭配 lambda 表达式完成。（具体操作方式将在后续 lambda 指令部分进行讲解）

```
# 字符的排序顺序为字母顺序
list=['b','a','d','c']
sorted(list)
```

```
['a', 'b', 'c', 'd']
```

```
# 数字的排序依据为数字大小
list=[4,1,3,2]
sorted(list,reverse=True )
```

```
[4, 3, 2, 1]
```

```
# 对字典使用sorted()时，按键字排序生成元组列表
dict={'e':1,'b':5,'a':3,'d':2,'c':7}
sorted(dict.items())
```

```
[('a', 3), ('b', 5), ('c', 7), ('d', 2), ('e', 1)]
```

练习

1.（单选题）若 ListA=['a','b','c','b']，sorted(ListA) 的正确结果是（　　）。

A. ['a','b','c']　　B. ['a','b','c','b']　　C. ['a','b','b','c']　　D. ['c','b','b','a']

2.（单选题）若 ListA=[1,2,3,2]，sorted(ListA) 的正确结果是（　　）。

A. [1,2,2,3]　　B. [1,2,3,2]　　C. [1,2,3]　　D. [3,2,2,1]

3.（简答题）ListA=['a','b','c']，用 sorted() 指令对 ListA 进行降序排列，请写出相应语句。

4.（简答题）ListA=['a','b','c','b']，现需要对 ListA 使用 sorted() 指令搭配 set() 指令，输出不重复元素并按升序排列，请写出相应语句。

5.（简答题）若 DictA={'abandon':1, 'study':3, 'because':2}，现对 DictA 使用 sorted() 完成排序操作，res=sorted(DictA)，请写出 print(DictA) 的结果。

3.1.12 元素去重——set

set() 指令可用于创建一个无序不重复的元素集，它可以完成列表元素的去重，在进行词表去重时比较实用。

set() 词表去重

语法：

set(需要去重的列表)

示例：

list=['Python',1,2,3,'Python']

set(list)

结果：

{1, 2, 3, 'Python'}

对列表使用 set( ) 指令时，会得到一个集合，而集合是无序不重复的，因此 set( ) 可以完成列表去重操作。

当 sorted() 指令与 set() 指令搭配使用时，就可以得到一个有序的不重复元素集。

```
# 当对列表使用set()时，其中的重复元素将会被去除
list=['Python',1,2,3,'Python']
set(list)
```

```
{1, 2, 3, 'Python'}
```

练习

1.（单选题）当对列表使用 set() 指令时，可以得到哪个结果？

A. 有序、未去重元素集　　　　B. 无序、未去重元素集

C. 有序、不重复元素集　　　　D. 无序、不重复元素集

2.（单选题）若 ListA=['a','b','c','b']，set(ListA) 有可能是哪个结果？

A. ['a', 'b', 'c']　　B. {'a', 'b', 'c', 'b'}　　C. ['b', 'c', 'a']　　D. {'b', 'a', 'c'}

3.（填空题）ListA=['a','b','c','b']，若想得到一个不重复的列表，需要进行以下操作，请完成填空：print (________ (________ (ListA)))。

4.（简答题）ListA=['a','b','c','b']，利用 set() 指令计算列表 ListA 中不重复的元素个数，请写出相应语句。

5.（简答题）若 snt='What I do is what I believe in'，现需列出 snt 中所有不重复的单词，请写出相关语句。

3.1.13 自定义指令——lambda 表达式

前面的基础部分简单讲解了 def 自定义函数的使用方法，这里再介绍一种类似于简易自定义函数的指令：lambda 表达式。它的语句与 def 相比更加简洁，使用方便。另外，lambda 也常与本章第三部分交互指令中的 interact 搭配使用，帮助完成数据动态输出需求中的简单操作。

lambda 完成简单的自定义函数

语法：

lambda 控制变量（可多个）：返回结果

示例：

```
f=lambda x, y, z : x+' '+y+' '+z
f ( 'I','love','Python' )
```

结果：

I love Python

lambda 可以自定义单行指令语句，功能与自定义函数有些相似，语法形式为：lambda 参数：返回结果。

lambda 与自定义函数 def() 间存在差异，两者在使用时的的主要区别为：def 函数为多行语句，可用于定义复杂函数；lambda 是一个单行表达式，在冒号后可直接定义返回结果，通常用于完成简单的自定义需求。

拓展：lambda 搭配 sorted() 字典按值排序

语法：

```
sorted( 字典 .items(),
        key=lambda item : item[1])
```

示例：

```
dict={'e':1,'b':5,'a':3,'d':2,'c':7}
sorted(dict.items(),
        key=lambda item:item[1])
```

结果：

[('e', 1), ('d', 2), ('a', 3), ('b', 5), ('c', 7)]

lambda 搭配 sorted() 中的 key 参数，可以按字典的值进行排序，生成有序列表。此处参数设置中，item[0] 代表按照关键字（每组键值对的第一个元素）进行排序，item[1] 代表按照数值（每组键值对的第二个元素）进行排序。此方法还可以对元组列表进行排序。例如，sorted(ListA, key = lambda x: x[1]) 表示按照列表中每组数据的第二个元素进行排序。

```
# lambda只有一行语句，冒号后是返回结果，可用于定义简单函数
# lambda中不可使用if条件、for循环操作
f=lambda x, y, z : x+' '+y+' '+z
f('I','love','Python')
```

```
'I love Python'
```

```
# 拓展：lambda搭配sorted()中的key参数，可以完成字典排序，生成列表
# 以下代码，表示按照各元组的第二个值（索引为1）进行排序
dict={'e':1,'b':5,'a':3,'d':2,'c':7}
sorted(dict.items(),key=lambda item:item[1])
```

```
[('e', 1), ('d', 2), ('a', 3), ('b', 5), ('c', 7)]
```

练习

1.（单选题）若 g=lambda x : len(x)，g('Python') 的正确结果是（　　）。

A. 4　　B. 5　　C. 6　　D. 2+3

2.（单选题）若 g=lambda x,y : x+y，g(2,3) 的正确结果是（　　）。

A. 4　　B. 5　　C. 6　　D. 2+3

3.（简答题）请将下列语句转化为 lambda 表达式。

```
def f(x,y):
    return x*y
```

4.（填空题）现有一组数据存放于元组列表中，ListA=[('abandon',1),('study',3), ('because',2)]。若需要将此列表按照每个单词对应的数值进行倒序排列，请完成填空实现该需求：

New ListA=sorted (ListA , __________ = lambda __________ , __________)

5.（简答题）若 DictA={'abandon':1, 'study':3, 'because':2}，请使用 lambda 表达式及 sorted 指令对该字典进行排序，根据数值大小正序排列，生成新列表。

综合小练习一：获取词表及计算单词频次

获取文本中的单词及其对应频次是常见的教学需求。由于单词与频次属于一对一的对应关系，所以本练习会用字典存放成对的信息，并用 for 循环进行频次的累计。此练习的目的在于汇总部分常用指令，供读者集中练习。但这些并不是获取词表及词频统计的唯一或最优方法，本书后面的内容还会介绍如何利用 NLTK 中的语言处理功能完成分词、词形还原等操作，并利用其完成更有深度、更高效的文本清洗工作。

本练习涉及的指令：

处理文本	replace 替换字符	lower 小写	split 分词	strip 去除首尾符号
整理词表	set 整理不重复词表	sorted 对词表排序	remove 删除指定单词	append 添加元素
其他	len 求长	count 元素求频	print 输出结果	lambda 表达式 搭配 sorted() 排序

首先，对文本进行简单处理和词表拆分。这里用两个句子作为示例，读者也可以使用一篇文章或读取文档中的文本内容进行练习。

```
# snt为文本，这里以句子为例，文章同理
snt=' What I do is what I want to do. \
What I want to do is what I believe in. $ '
# 用strip()去除文本首尾的多余符号
snt1=snt.strip()
# 利用replace()去除标点符号，将标点符号替换为空
snt2=snt1.replace('.', '')
# 去除大写情况
snt3=snt2.lower()
# 用split()拆分句子为词表
token_list=snt3.split()
```

本处得到的 token_list 就是这段文本的词表。接下来，对词表进行去重和排序等操作。

```
# 词表中存在多余符号，可利用remove()去除
token_list.remove('$')

# 利用set()可以得到一个无序不重复的词汇集合
word_list=set(token_list)

# 利用sorted()对词表进行排序
word_list=sorted(word_list)
print('有序词表：',word_list)
```

得到运行结果：

词表：{'to', 'i', 'want', 'in', 'believe', 'is', 'do', 'what', '$'}

有序词表：['believe', 'do', 'i', 'in', 'is', 'to', 'want', 'what']

对词表中的单词进行求长，可以筛选出符合词长条件的单词：

```
# 利用len()及append()筛选出词长大于5的单词
# 设置一个空列表用来存放词长大于5的单词
final_list=[]
for word in word_list:
    if len(word)>5:
        final_list.append(word)
print('词长大于5的单词有：',final_list)
```

得到运行结果：

词长大于 5 的单词有：['believe']

利用刚刚得到的 token_list 计算出所有单词出现的频次，利用字典输出计算结果：

```
# 计算词频
# 创建一个空字典用来存放单词及其频次的成对信息
word_dict={}
# 使用for循环历遍原分词词表token_list中的单词,
for word in token_list:
    # 如果当前单词已经存在于字典中，则将其频次的赋值+1
    if word in word_dict:
        word_dict[word]+=1
    #如果当前单词不在字典中，则将它放入字典，并且将频次赋值为1
    else:
        word_dict[word]=1
#经过以上操作得到的word_dict就存有这个句子的词频情况了，输出结果
print('该文本的词频统计情况如下：', word_dict)
```

得到运行结果：

该文本的词频统计情况如下：{'what': 4, 'i': 4, 'do': 3, 'is': 2, 'want': 2, 'to': 2, 'believe': 1, 'in': 1, '$': 1}

现在，将词频数据存储在字典 word_dict 中，若需要对词频数据按照频次降序排列，可用 lambda 表达式定义 sorted() 的 key 参数完成。

```
# 对词频结果进行降序排列
res = sorted(word_dict.items(),key=lambda items:items[1],reverse= True )
print('词频数据倒序排列后得到结果：',res)
```

得到运行结果：

词频数据倒序排列后得到结果：[('what', 4), ('i', 4), ('do', 3), ('is', 2), ('want', 2), ('to', 2), ('believe', 1), ('in', 1)]

拓展练习：请参考以上步骤，根据提示完成下面的填空。

```
# 已将存有一篇作文的文件 test.txt 上传至同级目录的文件夹“files”中
# 读取该文件中的文本
f = open( __________ )
mytest = f.read()

# 去除大写
test_lowered=mytest. __________

# 利用 for 循环去除部分标点符号（包括逗号、句号、问号、冒号、分号）
for i in [',','.','?',':',';']:
    test_lowered = test_lowered. __________

# 用 split() 拆分文本为词表
token_list = test_lowered. __________

# 获得一个无序不重复的词汇集合
word_list = __________ (token_list)

# 利用 sorted() 对词表按照词长进行降序排列
word_list = sorted(word_list, key = __________ ,reverse = True)

# 输出词表中最长及最短的单词
longest = word_list __________
shortest = word_list __________
print(' 最长的单词是 {}，最短的单词是 {}。'.format( __________ , __________ ))
```

3.2 语料库及语言文本处理——NLTK 常用基础指令

语料库（Corpus）是语言学研究的基础资源，对于外语教学与研究有重要的应用价值。对于外语教师而言，语料库的使用在学术研究、日常教学管理方面均有重要意义。除一些公共语料库资源外，很多教师也希望能对自己的文本资源进行分析处理，实现语料库检索与分操作析，而这一需求在一定程度上可以通过 Python 解决。

Python 有丰富的第三方库资源，基于语料库及自然语言处理需求，帮助我们完成一些常见的文本处理工作，针对性强，效率高。其中，NLTK 库的使用较为广泛。NLTK（Natural Language Toolkit）是常用的自然语言处理工具库，其中的多个模块可提供丰富的文本处理及语料库应用功能，如分词处理、词性标注、词频计算，查询关键词、上下文等。NLTK 自身支持英文处理，搭配 jieba 等第三方库进行中文分词处理后，也可完成部分中文分析需求。本书主要介绍英文处理的相关操作。

NLTK 安装方法：pip install nltk

除基本功能库以外，NLTK 也支持更多模块资源的下载安装。读者可在之后的学习过程中，根据自己的需求获取相应的资源，用以下代码运行后即可进行相应的下载操作：import nltk

nltk.download()

在本节内容中，我们选择了几个常用且操作相对简单的 NLTK 函数作为语言文本处理指令进行介绍。

3.2.1 自建语料库——PlaintextCorpusReader

通过对大量文本的集合进行科学处理和加工而具备一定格式与标记的电子文本库，即可理解为语料库。我们可以借助 NLTK 中的语言处理功能对电子文本集进行分析操作，从而完成自建语料库分析的需求。PlaintextCorpusReader 是实现此需求的第一步，使用前先导入相关模块功能：from nltk.corpus import PlaintextCorpusReader。

PlaintextCorpusReader() 自建语料库

语法：

PlaintextCorpusReader（文本集存放目录，读取文档格式）

示例：

path = 'files/MyText'

PlaintextCorpusReader (path, '.*\.txt')

结果：

这时我们得到一个 PlaintextCorpusReader 类对象

假设我们已经收集了大量 txt 文档，并存放于目录“files/MyText”中，通过以下方式可完成语料库的创建，读取时可设定文档格式，最常见的 txt 文档格式参数为：'.*\.txt'。

```
# 导入PlaintextCorpusReader
from nltk.corpus import PlaintextCorpusReader
# 创建文件存放路径
path = 'files/MyText'
# 根据路径和文件格式进行文档读取
my_corpus = PlaintextCorpusReader(path, '.*\.txt')
# 输出文档目录
my_corpus.fileids()
```

如上所示，我们已经得到了自己的语料库数据 my_corpus，但它还不能用 NLTK 中所有的语言处理函数，这是因为不同的模块函数用于处理不同类的对象。当前的语料库是 PlaintextCorpusReader 类对象，可以使用 PlaintextCorpusReader 类函数进行操作，常用函数功能如表 3.2 所示。

表 3.2

PlaintextCorpusReader 类函数	
分词 word	words( )
分句 sents	ents( )
分段 paras	paras( )
原始文本 raw	raw( )

注：使用方法如 my_corpus.words()。

NLTK 中还有一些基础语言处理函数是 Text 类函数，能实现一些常用的语料库检索与分析功能，部分 Text 类常用函数如表 3.3 所示。

表 3.3

Text 类函数	
相同上下文 common_contexts	common_contexts( )
查找关键词上下文 concordance	concordance( )
查询词频 count	count( )
查询文本长度（词数）len	len( )
相似词 similar	similar( )
计算词频 vocab	vocab( )

注：使用方法如 my_text.concordance()。

在使用这些 Text 类函数前，先将读取之后的语料对象转化为 Text 对象。Text 类对象接收词表数据，因此需要先进行分词操作：

```
# 第一次使用导入Text功能
from nltk.text import Text
# 对某一篇文本进行分词（默认对全部文本进行操作）
word_list = my_corpus.words('Text1.txt')
# 转换为Text对象
data = Text(word_list)
# 使用Text类指令concordance，对转换后的Text对象进行关键词上下文查找
data.concordance('information', 30, 5)
```

Text 类对象可以被看作是具有词表属性的文本，与通过 read() 方式读取到 Python 中的字符串不同。一些刚刚接触 NLTK 的学习者会使用 nltk.book 等数据资源进行操作练习，而在此过程中可能会产生这样的疑问：

Q：“当我从 nltk.book 库中导入文章进行分析时，利用 len() 对其中的文本求长得到的是单词数；但当我使用 len() 对自己的文件中读取的文本进行求长时，得到的是字符数，这是为什么呢？”

这是因为 nltk.book 中存储的语料资源是 Text 类对象。当对自己的文档完成读取并求长时，实际上是在对字符串求长，因此 len() 会计算字符总长度。如果需要得到总词数的话，要先对读取内容进行分词。而 Text 类对象使用 len() 函数求长时，所得结果实际上是该文本词表中的单词个数，也就是总词频数。

了解了以上要点及操作步骤后，就可以开始构建与分析自己的语料库了。读者可上传自己的文本文档进行尝试。

另外，NLTK 中有丰富的数据资源，这些资源存放在 nltk.corpus 等模块中，可以为读者所用。下面是 NLTK 中一些常用的语料库数据资源，读者可以根据需求进行选用和查看。

· stopwords 停用词表

此词表包含使用频率过高或如介词、冠词等无明确意义的词汇，可用于词汇过滤。

导入形式：from nltk.corpus import stopwords

获取英语停用词：stopwords.words('english')

· wordnet 语义关系词库

普林斯顿大学创建的语义关系词库，其中语义相近的单词组成同义词组（Synset），不同词组由多样的语义关系关联起来，形成关系网。用户可以查询某个单词的关联词汇，还可查询单词的英文释义及例句。

导入形式：from nltk.corpus import wordnet

查询一个单词的同义词组：wordnet.synsets('language')

· Gutenberg 古腾堡语料库

古腾堡语料库包含古腾堡项目（Project Gutenberg）的一小部分电子书文本，语言风格偏书面语。

导入形式：from nltk.corpus import gutenberg

· Inaugural Address Corpus 就职演讲语料库

就职演讲语料库综合了美国历届总统的就职演讲报告。

导入形式：from nltk.corpus import inaugural

· **Brown 布朗语料库**

布朗语料库是一个综合性的语料库，内容涉及新闻、教育、历史、商业等。

导入形式：from nltk.corpus import brown

· **Rueters 路透社语料库**

路透社语料库是一个新闻类的综合语料库。

导入形式：from nltk.corpus import reuters

· **Web and Chat Text 网络语料库**

网络语料库呈现网络化语言风格，内容主要包括网站论坛、商业评论、影视剧本等。

导入形式：from nltk.corpus import webtext

以上语料库的常用查询获取操作如表 3.4 所示。

表 3.4

内容	语句
语料库中的分类	categories( )
文件对应的语料库分类	categories([fileids])
语料库原始文本	raw( )
文件的原始文本	raw(fileids=[file1,file2,...])
分类的原始文本	raw(categories=[cate1,cate2,...])
语料库中的词汇（分词）	words( )
文件中的词汇	words(fileids=[file1,file2,...])
分类中的词汇	words(categories=[cate1,cate2,...])
语料库中的句子（分句）	sents( )
文件中的句子	sents(fileids=[file1,file2,...])
分类中的句子	words(categories=[cate1,cate2,...])

注：使用方法如 brown.categories()。

练习

1.（单选题）PlaintextCorpusReader 语法正确的是（　　）。

A. PlaintextCorpusReader('files/mydata ', '.txt')

B. PlaintextCorpusReader('files/mydata ', '.*\.txt')

C. PlaintextCorpusReader(files/mydata, '.*\.txt')

D. PlaintextCorpusReader(files/mydata, .*\.txt)

2. （单选题）现已通过 PlaintextCorpusReader 读取得到语料库 my_data，若需要获得语料库中的所有词汇，能实现此需求的是（　　）。

A. my_data(words)　　B. my_data(words)

C. my_data.words( )　　D. my_data.words

3. （填空题）若利用 PlaintextCorpusReader 读取的语料库数据为 my_corpus，则以下语句分别得到的是什么数据？请完成相应填空：my_corpus.words( ) ________；my_corpus.sentss( ) ________；my_corpus.paras( ) ________；my corpus.raw( ) ________。

4. （填空题）若利用 PlaintextCorpusReader 读取的语料库数据为 my_data，现需查看其中一篇文章内容，文档名称为 TEXT1，请完成填空实现此需求：my_data ________。

5. （简答题）若利用 PlaintextCorpusReader 读取的语料库数据为 my_data，现要用 Text 类函数 concordance 查找关键词 Python 的上下文，请写出相关语句。concordance 语法形式为：文本对象 .concordance(keyword)。

3.2.2　分句分词——sent_tokenize, word_tokenize

分词与分句是文本分析的基础操作，可以通过 NLTK 中的 tokenize 模块实现。在使用相关指令前，先导入 NLTK 模块功能：from nltk import *。

sent_tokenize() 对文本分句

语法：

sent_tokenize (文本对象)

示例：

sent_tokenize ('Practice matters. Passion matters.')

结果：

['Practice matters.', 'Passion matters.']

使用 sent_tokenize 指令可以对字符串进行分句，以句尾符号为依据进行拆分，拆分后得到的句子结果存放在列表当中。

word_tokenize() 对文本分词

语法：

word_tokenize (文本对象)

示例：

word_tokenize ('I love Python.')

结果：

['I', 'love', 'Python', '.']

使用 word_tokenize 指令可以对字符串进行分词，从而得到一个词汇列表，分词结果中包含标点符号。如需得到一个不重复的词汇列表，可用 set() 指令对得到的词表进行去重。

```
# 在使用相关指令前，请先导入NLTK模块功能
# 以下语句表示从NLTK库中导入所有功能
from nltk import *
# sent_tokenize()指令可对文本对象进行分句
sent_tokenize ( 'Practice matters. Passion matters.' )
```

```
['Practice matters.', 'Passion matters.']
```

```
# word_tokenize()指令可对文本对象进行分词
word_tokenize ( 'I love Python.' )
```

```
['I', 'love', 'Python', '.']
```

在使用 word_tokenize() 进行分词操作时，需要注意以下两点：

(1) word_tokenize 会将缩写进行拆分：将 isn't 分为 is 和 n't 两部分，将 can't 分为 ca 和 n't 两部分；

(2) 分词结果中，word_tokenize 会将双引号转换为 `` 和 '' 两组符号。

用分词结果进行频次统计或数据过滤时，要注意下面这些细节，并对所得结果进一步整理。

清理文本常用操作：去掉标点符号及停用词

```
from nltk.corpus import stopwords
# 假设已经得到分词词表 token_list，对词表进行去标点符号操作
punc = [',', '.', ':', ';', '?', '(', ')', '[', ']', '&', '!', '*', '@', '#', '$', '%']
token_list = [word for word in token_list if word not in punc]
# 再对词表进行去停用词（包括代词、冠词等）
stops = stopwords.words("english")
text_list = [word for word in token_list if word not in stops]
```

练习

1.（多选题）使用 NLTK 中的 sent_tokenize()、word_tokenize() 等指令前，需要先导入 NLTK 相关功能。能正确调用的指令有（　　）。

A. import nltk; nltk.word_tokenize()　　B. import nltk; word_tokenize()

C. from nltk import *; word_tokenize()　　D. from nltk import *; nltk.word_tokenize()

2.（单选题）若已从文件中读取文本 text，在利用 sent_tokenize() 对 text 进行分句时，语法形式正确的是（　　）。

A. text.sent_tokenize()　　B. sent_tokenize(text)

C. text.sent_tokenize('.')　　D. sent_tokenize(text,'.')

3.（简答题）snt='Practice matters. Passion matters.'，对 snt 分别使用 sent_tokenize()、word_ tokenize() 可进行分句及分词操作，请写出相应输出结果。

4.（简答题）使用 word_tokenize() 指令可以方便地进行分词操作，split() 指令同样也可以进行文本中词汇的分割，但两者使用方法和所得结果均有所差别。若 snt = 'Practice matters. Passion matters.'，请分别写出 snt.split() 及 word_tokenize(snt) 的运行结果，并体会两种方法的差异。

5.（简答题）文件 test.txt 中存有一篇英文文章，假设该文件已上传至同级目录下，现需获取该文章的不重复词表，请写出相关语句。

3.2.3 词形还原与词干提取——WordNetLemmatizer, PorterStemmer

在前面的内容中，我们简单介绍了去除标点符号和停用词的方法。实际上，为了获取更加准确的词表数据，完成更加精确的分析需求，我们还需要了解一下如何进行还原词形和提取词干的操作。

WordNetLemmatizer() 词形还原

语法：

from nltk.stem import WordNetLemmatizer

wnl=WordNetLemmatizer()

wnl.lemmatize(单词 , 词性)

示例：

print(wnt.lemmatize('swam','v'))

print(wnt.lemmatize('playing'))

结果：

swim

playing

词形还原就是将单词的复杂形态转换为以词典为依据的基础形态。如“swam”还原后的单词为“swim”，如左侧示例。wnl.lemmatize() 可以作为一个词形还原工具，我们可以设置其所分析单词的词性，以便对多词性单词进行准确还原。代表各常见词性的字符分别为：v- 动词，n- 名词，a- 形容词，r- 副词。不设置词性时，会优先判断为名词。

```
# 词形还原
# 使用指令前，先导入相关模块功能
from nltk.stem import WordNetLemmatizer
# 为使书写更加简便，我们这里为WordNetLemmatizer()换个简短的名字
wnl=WordNetLemmatizer()
# 设置参数时可以添加词性辅助判断
print( wnl.lemmatize( 'swam','v' ) )
# 不设置词性时，会优先判断为名词
print( wnl.lemmatize( 'playing' ) )
```

```
swim
playing
```

PorterStemmer() 词干提取

语法：

from nltk.stem import PorterStemmer

pts=PorterStemmer()

pts.stem(单词)

示例：

print(pts.stem('playing'))

结果：

play

词干提取即去掉单词的词缀，获取词根，如“plays”、“playing”的词根为“play”。词干提取与词形还原的区别在于，词干提取仅去除词缀，而词形还原是以词典的基础原形进行还原，“swam”这样的特殊变形无法通过词干提取原形。波特词干提取法是较为广泛使用的方法。如下所示，pts.stem() 可以作为一个词干提取工具，直接作用于单词。

```
# 词干还原
# 使用指令前，先导入相关模块功能
from nltk.stem import PorterStemmer
# 为使书写更加简便，我们这里为PorterStemmer()换个简短的名字
pts=PorterStemmer()
print( pts.stem( 'playing' ) )
# 一些特殊变形的单词，无法通过此方法进行还原
print( pts.stem( 'swam' ) )
```

```
play
swam
```

练习

1.（单选题）哪个指令可以分别完成词形还原与词干提取的操作？（　　）

A. PorterStemmer(); WordNetLemmatizer()　　B. WordNetLemmatizer(); PorterStemmer()

C. WordNetLemmatizer(); word_tokenize()　　D. word_tokenize(); WordNetLemmatizer()

2.（单选题）若 wnl=WordNetLemmatizer()，（　　）可以对动词变形“taking”进行正确的词形还原。

A. wnl('taking')　　B. wnl.lemmatize('taking')

C. wnl('taking','v')　　D. wnl.lemmatize('taking','v')

3.（单选题）若 pts=PorterStemmer()，（　　）能通过词干提取操作还原为单词原形。

A. pts.stem('understood')　　B. pts.stem('drove')

C. pts.stem('making')　　D. pts.stem('wrote')

4.（填空题）若 wnl=WordNetLemmatizer()，pts=PorterStemmer()，请分别写出以下几个语句的运行结果：

A. wnl.lemmatize('animals') __________　　B. wnl.lemmatize('doing','v') __________

C. pts.stem('worked') __________　　D. pts.stem('made') __________

5.（简答题）若 ListA=['learning','learned','learns']，现需使用 WordNetLemmatizer 和 PorterStemmer 对列表 ListA 中的单词进行词形还原及词干提取操作，请写出相关语句。

3.2.4 词频计算——FreqDist

词频计算也是文本分析的常用操作，可以通过 NLTK 中的 FreqDist 功能完成。FreqDist 需要接收一个词表作为统计对象，它对语料库的 words() 分词结果及 Text 类文本对象都可直接进行词频统计。在使用先导入此 NLTK 模块功能：from nltk import *。

FreqDist() 获取语料库词频

语法：

FreqDist(word() 方法得到的语料库词表)

示例：

res=brown.words()

FreqDist(res)

对于语料库数据，我们可以通过 word() 方法获得词表，再利用 FreqDist 直接计算词频结果。

```
# 对语料库词汇进行词频统计
from nltk.corpus import brown
res=brown.words()
FreqDist(res)
```

```
FreqDist({'the': 62713, ',': 58334, '.': 49346, 'of': 36080,
10011, ...})
```

在通过 read 方式读取文本或处理字符串时，先对其进行分词操作，字符串对象可用 word_tokenize 做分词处理。如果直接对字符串使用 FreqDist()，所得结果是文本中所有字符的频次统计。

FreqDist() 计算文本词频

语法：

FreqDist(分词列表)

示例：

list=['Python', 'Python', 'learn']

fdist=FreqDist(list)

for key in fdist:

    print(key, fdist[key])

结果：

Python 2

learn 1

如左侧示例，FreqDist 完成了对词汇列表的频次统计，得到一一对应的单词与频次数据，数据结果自动按频次降序排列。FreqDist 对象的数据特点与字典相似，可以利用 for 循环输出其中的键值对。

拓展：FreqDist() 获取部分最高频单词结果

语法：

fdist=FreqDist(分词结果)

fdist.most_common(获取最高频词的个数)

示例：

list=['I', 'love', 'Python', 'I','learn','Python']

fdist=FreqDist(list)

fdist.most_common(2)

结果：

[('I', 2), ('Python', 2)]

对得到词频后的 FreqDist 对象使用 most_common()，获得部分最高频词汇。如左侧示例，得到词表中频次最高的 2 个单词。当所处理的数据量较大时可以使用这种方法，只获取自己所需的部分数据即可。

```
# 在使用相关指令前，先导入NLTK模块功能
from nltk import *
# FreqDist()所作用的是列表数据，在使用前需先进行分词
# FreqDist()生成的数据与字典相似，单词与频次成对保存
list=['Python', 'Python', 'learn']
fdist=FreqDist( list )
# 可利用for循环将单词和频次对应输出
for key in fdist:
    print(key, fdist[key])
```

```
Python 2
learn 1
```

```
# 搭配使用most_common()得到最高频单词统计情况
list=['I', 'love', 'Python', 'I','learn','Python']
fdist=FreqDist( list )
# 输出最高频的两个单词频次统计情况
fdist.most_common(2)
```

```
[('I', 2), ('Python', 2)]
```

练习

1.（多选题）可直接使用 FreqDist 获得词频统计结果的是（　　）。

A. 字符串对象　B. 含有单词的列表对象　C. 含有单词的字典对象　D. NLTK 的 Text 对象

2.（简答题）若用 FreqDist 对自己的文本进行词频统计，请用文字简要写出操作步骤。

3.（简答题）若已得到 FreqDist 分析结果 Fdist，请利用 for 循环输出 Fdist 词频统计情况。

4.（填空题）若已得到 FreqDist 分析结果 Fdist，现需要得到频次最高的 10 组单词、频次对应情况，请写出相应语句：__________ 。

5.（简答题）若已得到 FreqDist 分析结果 Fdist，现需要将分析所得单词与频次成组存入表格 result.xlsx 中，请写出相关语句。

提示：将结果写入表格，可将结果转变为 DataFrame 格式，使用 pandas 模块中的 to_excel() 进行写入操作。

3.2.5　词性标注——pos_tag

词性标注是语料库语言学中重要的文本处理操作，许多语言学研究都需要基于词性展开，而 NLTK 中的 pos_tag 功能可以完成这个需求。在使用相关指令前，先导入 NLTK 模块功能：from nltk import *。

pos_tag() 词性标注

语法：

pos_tag（分词列表）

示例：

text_list = ['I','love','Python','learning']

pos_tag(text_list)

结果：

[('I', 'PRP'), ('love', 'VBP'), ('Python', 'NNP'), ('learning', 'NN')]

pos_tag() 分析结果会将单词和词性标签成组存放在列表中。注意，这里的词性标注与词形还原指令中使用的词性标签字符不同。词性标签具体对应情况请在本书附录“功能词表”中详细查看。

使用 pos_tag 指令对文本进行词性标注时，可先进行分句操作，再对分句结果进行分词操作，然后就可以得到每一句话的词性标注结果。

```
# 当我们对自己的文本进行处理时，可在分句后进行分词操作
# 再对每一句话中的单词进行词性赋码
stn = 'I love Python learning. I love learning Python.'
# 完成分句
sent_list = sent_tokenize(stn)
# 对每一个句子进行分词
for sent in sent_list:
    word_in_sent = word_tokenize(sent)
    # 对每句话中的单词进行词性赋码
    sent_pos = pos_tag(word_in_sent)
    # 我们可以将句子以“单词_词性”的形式输出
    for i in sent_pos:
        output = i[0]+'_'+i[1]+''
        print(output, end=' ')
    # 一句话输出完成后折行显示下一句
    print('')
```

```
I_PRP love_VBP Python_NNP learning_NN ._.
I_PRP love_VBP learning_VBG Python_NNP ._.
```

拓展：startswith() 查找提取同一词性单词

语法：

词性标签 .startswith (词性标签起始字符)

示例：

```
for word,tag in pos_tag(text_list):
    if tag.startswith('NN'):
        print(word)
```

结果：

Python

learning

通过词性标签可以找到某一类词性的单词。在观察词性标签时我们发现，同一类词性标签的起始字符相同，如名词词性均以“NN”开头。我们可以通过字符串 startswith() 查找以特定字符开头的内容，从而完成同一词性单词的查找提取。

```
# 在使用相关指令前，先导入NLTK模块功能
from nltk import *
text_list=['I','love','Python','learning']
# pos_tag()所作用的是列表数据
pos_tag(text_list)
```

```
[('I', 'PRP'), ('love', 'VBP'), ('Python', 'NNP'), ('learning', 'NN')]
```

```
# 拓展：搭配startswith()方法提取统一词性的词汇
# 因为同类词性标注都以相同字符开头，如：名词词性均以“NN”开头。
print('名词包括：')
for word, tag in pos_tag(text_list):
    if tag.startswith('NN'):
        print(word)
```

```
名词包括：
Python
learning
```

练习

1.（单选题）哪个对象可直接使用 pos_tag() 获得词性标注结果？（　　）

A. 字符串对象　　B. 含有单词的列表对象　　C. Text 对象　　D. 含有单词的字典对象

2.（单选题）哪个语句能得到有效结果？（　　）

A. ListA.pos_tag()　　B. pos_tag('Python','learning')

C. pos_tag(ListA,ListB)　　D. pos_tag(ListA)

3.（填空题）若对字符串 A 进行分词后，已得到单词列表 ListA，现需了解字符串 A 中每个单词对应的词性，请写出相关语句。

4.（简答题）若对字符串 A 进行分词后，已得到单词列表 ListA，现需得到字符串 A 中所有单数形式的专有名词，请写出相关语句（利用列表解析式完成）。

5.（简答题）若对字符串 A 进行分词后，已得到单词列表 ListA，现需输出字符串 A 中所有动词，请写出相关语句（利用 for 循环语句完成）。

3.2.6 关键词上下文查找——concordance

我们可以利用 Python 实现 KWIC 功能，即通过关键词查看上下文。与 collocations 一样，这也是一个 Text 类函数，在进行文本分析前，需要先转化为 Text 类对象。在调用 concordance() 功能之前，先导入 NLTK 模块功能：from nltk import concordance。

concordance() 查找关键词上下文

语法：

Text 对象 .concordance (关键词 , 字符数 , 行数)

示例：

text.concordance ('language'，100，10)

结果：

Displaying 10 of ... matches:

得到文本中 language 所在位置的前后文，每行显示 100 个字符，最多展示 10 处。

关键词上下文索引（Key Word in Context）是一种重要的索引方式，在许多语料库工具中都有应用。我们通过 NLTK 中的 concordance() 功能也能对自己的语料数据进行关键词上下文索引。

```
# 在调用NLTK中的concordance()功能之前，先导入NLTK模块功能
from nltk import *
f = open('文件路径')
res = f.read()
# concordance()所作用对象为Text()对象，需要提前对自己的文本进行分词后转换
text = Text(word_tokenize(res))
# 如下操作表示，需要得到文本中language所在位置的前后文
# 每行显示100个字符，最多展示10处
text.concordance ( 'language', 100, 10 )
```

练习

1.（多选题）查询关键词上下文可以通过 NLTK 中的（　　）指令实现。

A. FreqDist　　B. concordance()　　C. word_tokenize()　　D. pos_tag()

2.（填空题）A.concordance（'book',20,10)，请完成填空说明该语句所实现的需求。展示在 Text 对象 __________ 中，关键词 __________ 所在位置上下文内容，每行显示 __________ 个字符，共显示 __________ 行。

3.（填空题）当对文档中的文章进行 read() 读取后，所得到文本数据类型为 __________ ；如需通过 concordance() 对其进行关键词上下文查找，则需通过两个步骤对所读取文本进行预先处理，第一步：__________ ，第二步：__________ 。

4.（简答题）现有已处理完毕的 Text 对象 article1，如需查看 article1 中关键词“technology”的上下文，展示结果为 5 行，每行 30 个字符，请写出实现此需求的相关语句。

5.（简答题）若已将存有文章的文档 article.txt 上传至同级目录，现需读取文本并查询关键词“science”的上下文，请写出实现该需求的完整语句。

综合小练习二：NLTK 文本分析处理练习

一些基础的 NLTK 函数能快速高效地完成文本分析处理操作，下面是一些指令操作的综合练习。

本练习涉及指令：

处理文本	word_tokenize 分词操作	pos_tag 词性标注	WordNetLemmatizer 词形还原	FreqDist 词频统计

首先，导入 NLTK 模块功能，同时导入 string 模块，其中 string.punctuation 可以过滤标点符号。

```
# 导入相关模块功能
from nltk import *
import string

# 已将文件sample.txt上传至同级目录文件夹files，现读取文件内容
f = open('files/sample.txt')
article = f.read()
```

若希望对这篇文章中的单词进行词形还原后的词频统计，首先要用 word_tokenize 指令对文本进行分词操作，得到分词列表 token_list 后，就可以利用 WordNetLemmatizer 完成词形还原了。

```
# 计算单词频次（还原至原形）

# 首先获取文本词表
# 将单词全部还原为小写
text=article.lower()

# 进行分词操作，得到分词列表token_list
token_list=word_tokenize(text)

# 去掉词表中的标点符号,利用列表解析式将所有单词保留
# 拓展：模块string.punctuation中存有英文标点符号，可用于进行过滤
token_list=[word for word in token_list if word not in string.punctuation]

# 词性标注
# 词形还原的准确性与词性参数设置有关（不设置词性参数时默认为名词）
# 首先需进行词性标记操作,得到词性标注列表pos_list
pos_list=pos_tag(token_list)
```

在进行 WordNetLemmatizer 词形还原前，先回顾一下该指令的使用方法。在还原词形时，通过指定词性参数完成更加准确的还原，否则单词都将优先按照名词词性进行还原。下面，我们试着通过区分词性的方式，还原词表中的单词。同一词性单词的 pos_tag 标签起始字符相同时，可以利用字符串对象 startwith() 的方法，对标签首字符判断其词性。不同词性的单词完成词形还原后，均添加至新的列表 word_list 中，这样就得到了一个已还原词形的词表。词形还原步骤具体操作如下：

```
# 对单词进行逐一判断，并将还原后的原形存入列表word_list
word_list=[]
for word, tag in pos_list:
    # 当tag以'N'开头时，单词为名词，对应设置参数pos为'n'
    if tag.startswith('N'):
        basic=wnl.lemmatize(word, pos='n')
    # 当tag以'V'开头时，单词为动词，对应设置参数pos为'v'
    elif tag.startswith('V'):
        basic=wnl.lemmatize(word, pos='v')
    # 当tag以'J'开头时，单词为形容词，对应设置参数pos为'a'
    elif tag.startswith('J'):
        basic=wnl.lemmatize(word, pos='a')
    # 当tag以'R'开头时，单词为形容词，对应设置参数pos为'r'
    elif tag.startswith('R'):
        basic=wnl.lemmatize(word, pos='r')
    # 除动、名、形、副词外，其他词形单词直接还原即可
    else:
        basic=wnl.lemmatize(word)
    # 将还原后的单词原形存入列表
    word_list.append(basic)
```

接下来，用 FreqDist 对新的词表进行词频统计。得到统计结果后，使用 most_common 方法输出词频统计结果中最高频的十项，输出数据类型为元组列表，形式为：[('the', 17), ('be', 10),...]。如果利用 for 循环语句，则可以分别输出单词与词频并显示在同一行。

```
# 得到原形词表word_list后，开始进行词频计算
# 利用FreqDist()完成词频计算
word_freq = FreqDist(word_list)

# 查看最高频的10个单词及其在文本中的出现频次
print('文本中出现频次最高的10个单词是：')
for m,n in word_freq.most_common(10):
    print(m,n)
```

得到运行结果：

```
文本中出现频次最高的10个单词是：
the 17
be 10
language 9
it 7
use 6
a 4
to 4
internet 4
in 4
people 3
```

拓展练习

```
# 利用 NLTK 相关指令对自己的文本进行词频统计及 KWIC 检索
# 导入相关模块功能
from nltk import *

# 若已将文件 sample.txt 上传至同级目录文件夹 files，现读取文件内容
f = open( __________ )
article = f.read()

# 设计一个自定义函数，调用时：① 统计关键词频次 ② 显示其所在位置前后文
def f(word):
    # 首先进行词频统计
    # 对文本进行分词操作，得到分词列表 token_list
    token_list = __________ (article)
    # 利用 FreqDist() 对词表进行词频统计
    word_freq = __________ ( __________ )
    # 输出关键词 word 的对应的词频
    print('{} 在文本中共出现 {} 次 '.format( __________ , word_freq[ __________ ]))
```

```
    # 利用 concordance 指令实现 KWIC 检索前，需要将文本转化为 Text 对象
    mytext = __________ (token_list)
    # 检索文本中关键词所在位置的前后文，每行显示 100 个字符，最多显示 5 处
    output = mytext. __________ (__________, __________, __________)
    return __________

# 调用自定义函数 f() 查询文本中关键词 "Internet" 的相关数据
__________
```

3.3 数据可视化与交互设计指令

Python 可以帮助教师通过数据可视化更好地完成教学数据分析整理，或与学生进行简单的教学互动。这部分需要使用三个第三方模块包，分别是 Pandas、Ipywidgets、Ipython。

1. Pandas

Pandas 是 Python 的一个数据分析包，我们可以将其看作 Python 中的 excel，可利用其表格型数据处理的特性，配合其他函数完成数据读取与输出、数据格式化整理等重要的操作需求。利用 pandas 构造 DataFrame 对象后，可以直接进行绘图操作，非常方便。

安装方法（学习平台无须安装）：pip install pandas

2. Ipywidgets

通过交互控件的使用，教师可以完成一些简单的交互页面或小工具设计，与学生之间进行或实用或有趣的教学互动。在交互操作中需要使用的一个重要的第三方模块包就是 ipywidgets。利用 ipywidgets 包我们可以在 jupyter notebook 中实现交互式控件操作，如文本框输入、点击按钮、下拉框选项、滑动条等。需要注意的是，ipywidgets 所完成的交互功能在 Jupyter Notebook 以外的环境中无法实现。

安装方法（学习平台无须安装）：pip install ipywidgets

3. Ipython.display

在进行交互操作时，有时需要进行代码块输出的显示或清除操作，以实现一些输

出结果的显示与更新，这些操作需要使用 ipython.display 模块。

安装方法（学习平台无须安装）：pip install ipython

3.3.1 数据绘图——DataFrame.plot

在 Freqdist() 词频统计指令内容中，我们简单介绍了 Freqdist 对象的绘图操作。而在进行数据处理时，还有一种常见的数据结构，就是表格型数据，这就需要用到 DataFrame 的绘图功能。在本节中，我们将重点讲解一下 DataFrame 对象的 plot() 绘图操作。在使用前，先导入相关功能：from pandas import DataFrame。

DataFrame.plot() 常规绘图方法（1）

语法:

DataFrame 对象 .plot(kind= 绘图类型，x=x 轴序列名，y=y 轴序列名）

示例:

```
data={'name':['A','B','C'],'score':[90,80,70]}
res=DataFrame(data)
res.plot(kind='barh',x='name',y='score')
plt.show( )
```

结果:

如下所示

在构建 DataFrame 数据后，就可以利用 plot() 方法进行绘图操作了。默认绘制类型为折线图（line），可通过 kind 参数进行修改。在左侧示例中，我们以横向条形图（barh）为例进行展示：x 与 y 分别为横纵轴文字标签，也可根据需要设置为 DataFrame 对象中的相应 column。

绘图完成后，可添加语句 plt.show( ) 用于图片的输出显示。

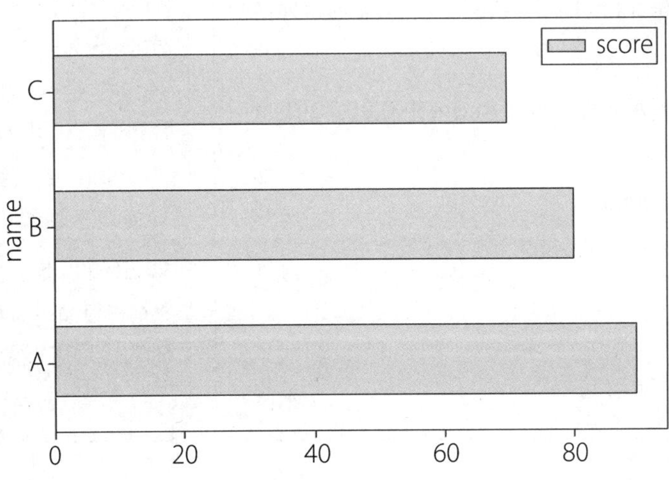

几种常用图类型对应的语法名

几种常用图对应的语法名如下，读者可以尝试对 kind 参数进行修改：

'line' 折线图　'bar' 条形图　'barh' 横向条形图

'pie' 饼图　'scatter' 散点图　'area' 面积图

DataFrame.plot( ) 画图函数常用参数

```
DataFrame.plot(
    x=None, # 横坐标标签，默认为 None，设置为 DataFrame 对象中的一个 column
    y=None, # 纵坐标标签，不指定 column 则默认绘制所有数值类型 columns
    kind='bar', # 图表类型，默认为折线图
    figsize=(10, 5), # 图片大小，赋值形式为（宽度，高度）
    title='Title', # 图片标题，赋值为字符串
    rot=0, # x 轴或 y 轴上的刻度值倾斜的角度，赋值为数字（0 表示不倾斜）
        )
```

注：DataFrame.plot( ) 绘图方法暂不支持中文输出。

DataFrame.plot() 绘制多组数据对比图

语法：

DataFrame 对象 .plot(kind= 绘图类型, x=x 轴序列名)

示例：

```
data={'name':['A','B','C'],'first_score':[90,80,70],'last_score':[95,85,75]}
res=DataFrame(data)
res.plot(kind='bar',x='name')
plt.show( )
```

结果：

如下所示

我们了解了单组数据的绘图方法，那么当需要处理多组数据的对比图时，该如何操作呢？

实际上，若不指定 column，plot 在绘图时会默认绘制 DataFrame 中所有数值类型的 columns，因此只需要设置 kind 与 x 轴参数即可。

如左侧示例，plot 会将 first_score 与 last_score 自动作为 y 轴对比项进行绘制。

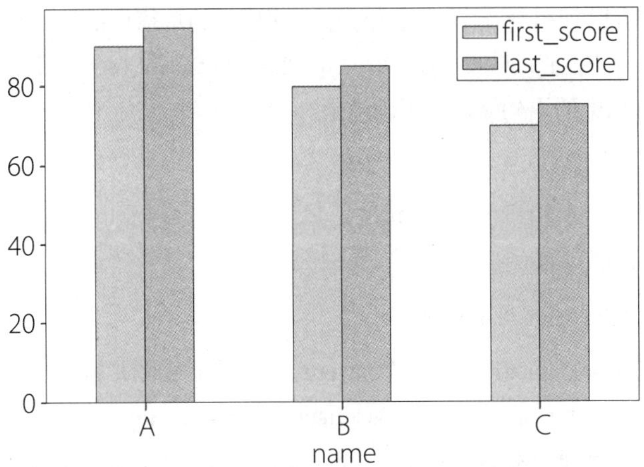

DataFrame.plot() 图片保存方法

语法：

a = DataFrame 对象 .plot( )

fig = a.get_figure( )

fig.savefig(' 图片名称 .png')

示例：

fig = ax.get_figure( )

fig.savefig('mypic.png')

结果：

运行后该图片保存至同级目录中

如左侧示例，可以将绘制后的图片进行下载保存，运行后图片将保存至同级目录当中。图片生成格式最好用 png 格式，在定义图片名称时，需在结尾增加“.png”。

练习

1.（单选题）若利用 DataFrame.plot 绘制竖向柱状图，则参数 kind 应赋值为（　　）。

A. barh　　B. 'barh'　　C. 'bar'　　D. bar

2.（单选题）若现已利用 Python 计算出学生作文的单篇词汇量，并赋值于变量 A，A = {'name': ['Lucy', 'David', 'Lisa'], 'vocab': ['60', '70', '80']}。现需要根据此数据绘制柱状图，哪个选项中的语句能得到正确结果？

A. DataFrame(A).plot()

B. DataFrame(A).plot(kind='bar',x='name',y='vocab')

B. DataFrame(A).plot(kind='bar')

D. DataFrame(A).plot(kind='bar',x='vocab',y='name')

3.（单选题）若现已利用 Python 计算出学生两次作文的单篇词汇量，并赋值于变量 A，A = {'name': ['Lucy', 'David', 'Lisa'], 'first': ['60', '70', '80'], 'last': ['65', '75', '80']}。现需要根据此数据绘制对比柱状图，哪个选项中的语句能得到正确结果？

A. DataFrame(A).plot()

B. DataFrame(A).plot(kind='bar',x='name')

C. DataFrame(A).plot(kind='bar')

D. DataFrame(A).plot(kind='bar',y='name')

4.（填空题）若 data=df.plot(kind='barh',x='word')，现需下载图片保存至同级目录，并命名为 pic，请完成填空。Step1：fig = __________ .get_figure( )；Step2：fig. __________ (' __________ ')。

5.（简答题）若已得到一个词表 ListA，其中存储着某篇文章中的单词及其对应频次数据，ListA= [('word',6),('frequency',5),...]。现需利用 DataFrame.plot() 基于该词表数据绘制柱状图，请写出实现此需求的语句。

3.3.2 交互操作——Ipywidgets.interact

Ipywidgets 模块中的 interact() 是一个交互指令，能将代码实现为可互动的页面功能，在不修改代码的情况下，通过页面操作控制显示结果。在调用前，需要先从 ipywidgets 模块中导入 interact() 功能：from ipywidgets import interact。

interact() 文本型参数实现文本框效果

语法：

interact (函数，函数中的控制变量参数)

示例：

```
def f(x):
    print(x)
interact(f, x = 'Python')
```

结果：

x | Python

interact() 指令可以对一些自定义函数或已导入的模块功能函数进行动态交互处理。其语法形式为：interact (函数，函数中的控制变量参数)。如左侧示例，当为变量设置一个初始数值 'Python' 时，该变量会以输入框形式出现，并显示文字 Python，在不改动代码的情况下，输入框中的文字可以随意编辑。

interact() 布尔型参数实现复选框效果

语法：

interact (函数，控制变量=True/False)

示例：

```
def f(text,text_len):
  if text_len:
    print(' 字符长度为：',len(text))
  else:
    print('')
interact(f, text='Python',text_len=True)
```

结果：

如下所示

布尔型参数即逻辑值参数，可简单理解为 True 或 False。在自定义函数中，当变量涉及条件判断时，可以用 interact() 指令将条件判断以复选框的形式体现在页面上，语法形式为：interact（函数，控制变量=True/False）。

勾选则表示 True，取消勾选则表示 False。如左侧示例，text_len=True，则默认复选框为选中状态，显示相应结果；取消勾选，则此条件不成立，相应结果不显示。这样，我们就可以在不改动代码情况下，随意进行条件判断操作。

```
def f(text, text_len):
    if text_len==True:
        print('字符长度为{}'.format(len(text)))
    else:
        print('')
interact(f, text='Python', text_len=True)
```

text Python

☑ text_len

字符长度为6

interact() 控制数值型参数显示滑动条动态效果

语法：

interact (函数，函数中的控制变量 =(最小值，最大值))

示例：

```
def f(x):
  print( ' 它的 10 倍数为：',x*10 )
interact( f,x=(1,10) )
```

结果：

如下所示

通过设定函数中变量的数值范围，可以得到一个控制变量的滑动条，滑动条两端数值边界与设定范围的最大、最小值相对应。其语法形式为：interact（函数，函数中所涉及的控制变量 =(最小值，最大值)）。如左侧示例，我们设定函数 f() 中变量 x 的数值范围在 1~10 之间，在不改动代码的情况下，通过拖动滑动条查看 1~10 之间任意数值的 f() 函数结果。

```
# 设置变量范围可生成滑动条
from ipywidgets import interact
def f(x):
    print('它的10倍数为：',x*10)
interact(f,x=(1,10))
```

x 5

它的10倍数为： 50

interact() 下拉框动态控制显示结果（列表）

语法：

interact（函数，函数中的控制变量 =[数值 1, 数值 2, 数值 3,...] ）

示例：

def f(x):

print(' 它的 10 倍数为：',x*10)

interact(f,x=[5,10,20])

结果：

如下所示

使用列表设定变量参数会产生下拉式选单，其语法形式为：interact(函数，函数中所涉及的控制变量 =[数值 1, 数值 2, 数值 3,...])。如左侧示例，我们设定函数 f() 中变量 x 的数值选项分别为 5、15、20，在不改动代码的情况下，可以通过下拉框中各选项的切换，查看对应数值的 f() 函数结果。

```
# 设置变量为列表可生成下拉框，所传递的值为列表元素值
from ipywidgets import interact
def f(x):
    print( '它的10倍数为：',x*10 )
interact( f,x=[5,10,20] )
```

x 5

它的10倍数为： 50

interact() 下拉框动态控制显示结果（字典）

语法：

interact (函数，函数中的控制变量 ={ 关键字 1: 值 1, 关键字 2: 值 2, ...})

示例：

def f(x):

  print(' 它的 10 倍数为：',x*10)

interact(f, x={'A':5, 'B':10, 'C':20})

结果：

如下所示

使用字典设定变量参数也可以产生下拉式选单，但此时选项显示为关键字，所传递的值为各关键字所对应的值。其语法形式为：interact(函数，函数中的控制变量 ={ 关键字 1: 值 1, 关键字 2: 值 2, ...})。

```
# 设置变量为字典可生成下拉框，显示选项为关键字，所传递的值为关键字对应值
from ipywidgets import interact
def f(x):
    print( '它的10倍数为：',x*10 )
interact( f,x={'A':5, 'B':10, 'C':20})
```

x A

它的10倍数为： 50

总结：interact() 参数设置形式对应的几种页面操作元素

1. 文本框：指定变量数值，则显示文本框，文本框中输入内容为 x 的值。例如 x= 'Python '，文本框中默认初始文字为 Python，可在不改动代码情况下随意修改文本框内容。

x Python

2. 复选框：判断变量 True/False 状态，显示复选框，勾选则表示 True，取消勾选则表示 False。例如 x=True，则默认复选框为选中状态，可在不改动代码的情况下随意进行勾选或取消操作。我们可以利用这个功能完成一些附加条件的设置。

☑ x

3. 滑动条：设置变量数值范围，则显示滑动条，滑动条两端数值为变量范围的最大值及最小值。例如，我们设置变量 x=(1,10)，则滑动条的数值范围就是 1~10。通过这种方式，可在不改动代码的情况下，通过拖动滑动条改变变量数值，影响输出结果。

x 5

4. 下拉框：使用列表或字典设定变量参数会产生下拉式选单，两种方式有所区别。列表中各元素为变量的备选值，显示为下拉框选项；而字典中的各关键字会显示在下拉框中，各关键字所对应的值为变量备选值。例如，当设置 x=[5,10,20] 时，下拉框中显示的选项分别为 5、10、20，这三个值也分别对应变量 x 的三个备选值；而当设置 x=['A':5, 'B':10, 'C':20] 时，下拉框中显示的选项分别为 one、two、three，但其所对应的变量 x 的三个备选值为 5、10、20。在不改动代码的情况下，可以通过下拉框中各选项间的切换，改变变量的赋值，影响输出结果。

左图设置变量参数为：x=[5,10,20]；右图设置变量参数为：x=['A':5, 'B':10, 'C':20]

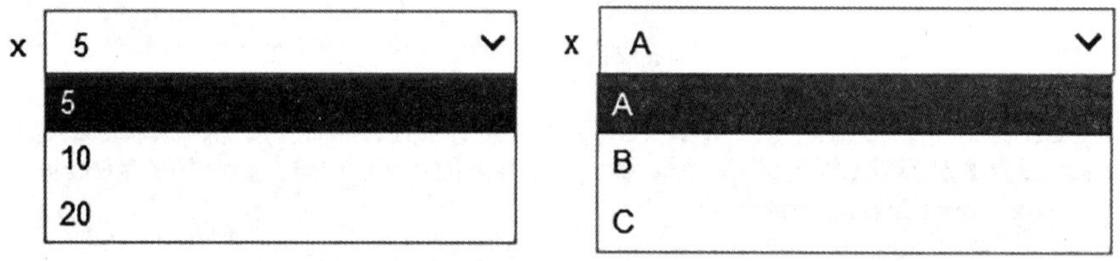

x 5
5
10
20

x A
A
B
C

Ipywidgets 模块中的常用控件见表 3.5。

表　3.5

常用控件	常用参数与语法演示
Button() 按钮	description= 显示在按钮上的文字
	tooltip= 鼠标悬浮时显示的提示文字
	示例：Button(description='Submit',tooltip='Cliack Here')
Textarea() 长文本框	value= 文本框内的文字 后续使用者在文本框中所输入的内容，即 Textarea.value
	placeholder= 文本框内默认显示的提示文字
	description= 文本框旁显示的文字
	示例：Textarea(value=' ', placeholder='Type the essay', description=' 作文 :')
Box() 组合其他控件	其他控件
	示例：Box([TextareaA,ButtonA])

续表

常用控件	常用参数与语法演示
Layout() 控制控件布局	width 宽度（通常设为 ...%，表示占显示区域比例，如 80%）
	height 高度（通常设为 ...px，px 指的是像素，设置为 100px 左右即可）
	示例：Button(description='Submit', layout=Layout(width='50%', height='80px'))

这些控件的显示需要使用 ipython.display 模块中的 display 功能，该模块中的 clear_out 功能也常在交互设计中用于清除输出，以确保页面结果不重复展示。使用前先导入相关模块功能：from ipython.display import display,clear_output。

拓展：display() 展示控件

语法：

display（显示对象）

示例：

```
btn=Button(description = 'RUN')
display(btn)
```

结果：

RUN

display() 指令可以完成交互控件及图片的显示操作。如左侧示例，使用 ipywidgets 模块中的控件 Button 后，要用 display() 显示该控件。读者可尝试将左侧代码中的 display(btn) 去掉，运行后按钮则不会显示。

拓展：clear_output() 清除前代码块输出

语法：

clear_output（清除对象）

示例：

```
for i in range(1000):
    clear_output( )
    print(i)
```

结果：

结果自 0 开始跳动显示至 999，每一次输出覆盖上一次结果。

clear_output() 指令可以清除当前代码块的输出结果，在循环时覆盖上一次的显示结果，常用于页面交互显示结果的更新。如左侧示例，若需要将输出显示的结果保留在当前进度，可使用 clear_output() 清除上一次显示结果。读者可尝试将左侧代码中的 clear_output() 去掉，则 0 至 999 共 1000 个数字会全部显示。

现在，我们使用自定义函数搭配 clear_output 试着完成一个单击按钮操作。单击按钮后显示“Python”，且多次单击时，显示结果不重复出现。请观察下面这段代码：

```
from ipywidgets import Button
from iPython.display import display

btn=Button(description='click')
display(btn)

# 自定义函数click_on_Buttton，每次点击动作输出文字Python
def click_on_Buttton(sender):
    # 对输出结果进行清除操作
    clear_output()
    print('Python')

# 使按钮执行点击效果
btn.on_click(click_on_Buttton)
```

click

运行后我们发现，单击按钮后，按钮会立即消失，这是因为 clear_output() 将前面设置的控件清除了。因此，清除交互操作的输出结果时，要用 ipywidgets 模块中的 Output，它能保留页面上原有的控件，只对触发交互之后的输出结果进行清除，具体实现语句如下：

```
from iPython.display import display,clear_output
from ipywidgets import Button,Output

btn=Button(description='click')
display(btn)

# 使用Output
out=Output()
display(out)

def click_on_Buttton(sender):
    # 进行清除操作，with out:这一步很重要
    with out:
        clear_output()
        print('Python')

btn.on_click(click_on_Buttton)
```

click

Python

完成交互设计后，可以单击页面上方操作菜单栏最右侧的“Voila”按钮进行页面发布，所生成的链接可分享给他人，如下所示。通过此操作，教师可以通过交互设计完成与学生之间的教学互动。

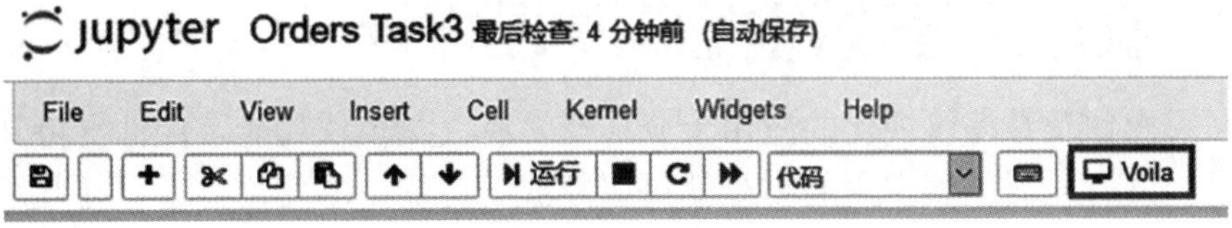

jupyter Orders Task3 最后检查: 4 分钟前 (自动保存)

File Edit View Insert Cell Kernel Widgets Help

运行 代码 Voila

练习

1.（单选题）若函数 f 定义如下，则 interact(f, x= 'name') 可得到的交互界面为（　　）。

```
def f(x):
    print('输出结果为：',x)
```

A. 输出结果为： name

B. 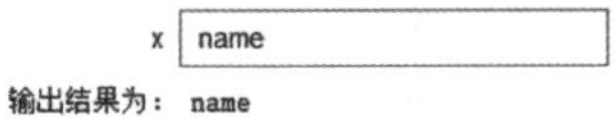 x name
输出结果为： name

C. 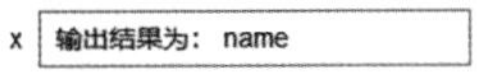 x 输出结果为： name

D.  name
输出结果为：

2.（单选题）若 f = lambda x,y : x+y，则 interact(f, x = 'hard', y = 'working') 可得到的交互界面为（　　）。

A. 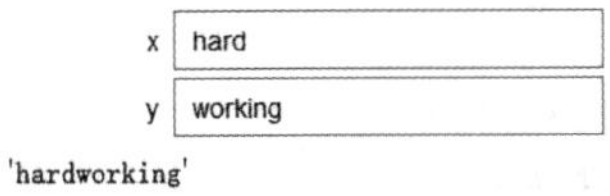 x hard
y working
'hardworking'

B. 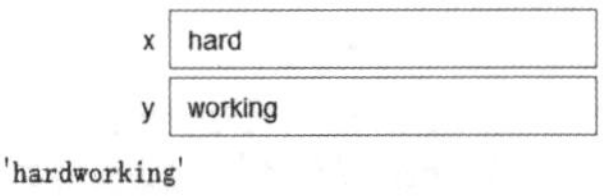 x hard
y working
'hardworking'

C. 'hardworking'

D. 'hard' + 'working'

3.（填空题）若函数 f 定义如下，现需利用 interact() 生成下拉框，完成 A、B、C、D 四个选项的页面交互，请将相关语句补充完整。

```
def f(x):
    print(' 你选择的选项是：', x)
interact( f, x= __________ )
```

4.（填空题）若函数 f 定义如下，现需利用 interact() 生成下拉框，完成页面上 Leve 1、Level2、Level 3 三个选项的切换，分别对应显示 Text1、Text2、Text3 三篇难度不同的文章。请将相关语句补充完整。

```
def f(x):
    print( x)
interact( f, x= __________ )
```

5.（简答题）假设已经得到存有学生写作常用词汇的列表，并赋值变量 ListA。请利用 interact() 指令配合 def 自定义函数，设计一个简单的交互场景，通过词长的设定展示出相应词长的单词（词长范围为 1~12）。

综合小练习三：客观题练习页面设计

交互式操作及数据可视化的应用十分广泛，有大量模块功能及控件支持其丰富的操作需求，读者只需了解常用的指令就可以完成一些简单的使用需求。在此练习中，我们试着完成一个客观题练习的页面设计。这部分练习需要使用两个重要的模块：ipywidgets 和 pandas，分别进行交互操作和表格型数据处理。另外，我们还会使用自定义函数辅助实现交互。这部分的练习难度有所增加，读者可以适当放慢速度，逐步理解。接下来，我们先设计一个客观题答题页面。

本练习涉及的函数指令：

交互操作	interact() 交互操作	Button() 按钮控件	display() 显示控件	clear_out() 清除输出	Output() 管理输出
读取数据	read_excel() 读取表格				

首先，导入相关的第三方模块功能。因为要对表格中存储的客观题数据进行读取展示，并将学生答题情况进行绘图，所以要导入 pandas 模块中的 read_excel 和 DataFrame；让学生进行选择的操作需导入 ipywidgets 模块中的 interact、Button、Output 进行交互设计操作，如下所示。

```
from ipywidgets import interact,Button,Output
from pandas import read_excel,DataFrame
from iPython.display import display,clear_output
```

下一步，将存有题目及答案的表格上传，用 read_excel() 进行读取，内容如下：

	A	B	C	D	E	F
1	stem	a	b	c	d	answer
2	1. My niece has been to S	A. will b	B. would	C. will h	D. would	C
3	2. When workers push toge	A. off	B. aside	C. out	D. down	A
4	3. I'd rather you____ any	A. do	B. didn't	C. don't	D. didn't	D
5	4. We must ____that the p	A. secure	B. ensure	C. assure	D. issue	B
6	5. I spoke to him kindly_	A. not to	B. so as	C. in ord	D. for no	B

```
# 开始答题
print('选择题练习1')
# 提前将题目及答案存入表格并上传，读取表格
data=read_excel('multiple choice task1.xlsx')

# 对每一行的题干及备选答案进行输出
# 利用range()生成索引数值[0,1,2,3,4]锁定读取范围
# Python在读取excel时默认将第一行作为列名，索引数值从第二行开始计算
for x in range(5):
    # 输出每行的1~5列，对应题干与四个备选答案
    # 注意这里的0:5对应索引0、1、2、3、4，也就是表格中的1~5列
    stem=data.iloc[x,0:5]
    for n in stem:
        print(n)
```

到这里，我们已经完成每一道题目的输出了，但还需要在每题后面设置选项下拉框，并记录学生的答案。我们可以设计一个自定义函数 fd()，收集学生的答案，并使用 interact() 完成答案的切换和传递。

```
# 创建空列表，保存答案
mydict={}
# 通过自定义函数，保留学生所选答案，用于后续与正确答案的比对
def fb(choice):
    mydict[choice[0]]=choice[1]

# 利用interact()展示下拉框中四个选项
interact(fb,choice={'请选择':[x,''],'A':[x,'A'],'B':[x,'B'],'C':[x,'C'],'D':[x,'D']})
# 学生完成选择前，确保答案集合为空
mydict={}
```

在记录答案时，比起列表，用字典更加方便。因为每道题目有固定序号，因此每道题目需要有其对应的固定标签，字典的键值对就可以完成序号和答案的一一对应。在完成交互设计后，需要验证答案。这里我们选择“单击按钮”，设置控件 Button 后，设计一个自定义函数 btn_click()。这个自定义函数中的输出内容就是单击按钮后所呈现的结果。

```
# 使用Button()设置提交按钮
btn=Button(disabled=False,description='查看正确答案')
display(btn)
```

在设计自定义函数前，需要考虑一个问题：学生每一次单击按钮时都会输出一个结果，如何覆盖上一次的输出呢？这就要用 clear_out 清除操作了，搭配 Output 在自定义单击按钮函数时，清除上一次的输出结果。

```
# 使用Output()用于管理交互输出
out=Output()
display(out)

# 自定义函数设计每次点击按钮时显示内容
def btn_click(sender):
    # 每次点击按钮时将上一次输出内容清除
    with out:
        clear_output()
```

接下来，对学生答题结果进行判断。在这一步操作中，最外层是一组 if 条件语句，它能判断学生的答案数量。学生在完成全部任务后方可查看正确答案，否则会提示继续完成全部答题。答案展示的内容分为两部分，显示正确答案并计算正确率。

```
if len(mydict)==5:
    # 展示正确答案
    print('正确答案是：')
    # 若正确答案在每行数据第6列，则定位如下
    count=0
    for m in data.iloc[:,5]:
        count+=1
        print(str(count)+'.',m)

    # 计算正确率
    count_right=0
    for y in range(5):
        if data.iloc[y,5]==mydict[y]:
            count_right+=1
    count_wrong=5-count_right
    rate=count_right/5
    print('正确率为：{:.0%}'.format(rate))

# 如果学生未完成答题则给予提示
else:
    print('请在完成所有练习后查看答案!')
```

最后一步是调用自定义函数，实现单击按钮时输出相应结果。

```
btn.on_click(btn_click)
```

编写完全部代码后，可运行查看显示效果，确认无误后单击页面上方操作菜单栏最右侧的“Voila”按钮进行发布，并将链接分享给学生，完成页面练习。

学生答题页面一览：

```
3. I'd rather you____ anything about it for the time being.
A. do
B. didn't do
C. don't
D. didn't

        choice [请选择        ▾]

4. We must ____that the procedure is followed as rigidly as possible.
A. secure
B. ensure
C. assure
D. issue

        choice [请选择        ▾]

5. I spoke to him kindly____ him.
A. not to frighten
B. so as not to frighten
C. in order to not frighten
D. for not frightening

        choice [请选择        ▾]

[查看正确答案]
```

答案显示页面一览：

查看正确答案

正确答案是：
1. C
2. A
3. D
4. B
5. B
正确率为：80%

拓展练习：请根据下方提示，进行编程语言与执行需求的翻译练习

例：

1. 正向翻译：根据逻辑要求写出相应的编程语言。

导入 ipywidgets 模块中的 interact 指令，以便进行交互设计。

翻译：from ipywidgets import interact

2. 反向翻译：根据编程语言表达其执行需求。

翻译：导入 ipywidgets 模块中的 interact 指令，以便进行交互设计

from ipywidgets import interact

请完成下列编写步骤的翻译，将过程补充完整，实现多篇文章高频词统计的交互操作。

```
# 完成一个交互工具，并以柱状图形式展示学生写作高频词的统计结果
# 在不改动代码的情况下，自由改变显示词个数，从而改变绘图结果

# 导入 ipywidgets 的 interact 指令完成交互
from ipywidgets import interact

# ____________________
from nltk import FreqDist

# 导入 DataFrame 进行数据展示和绘图
____________________

# 导入 NLTK 中的 PlaintextCorpusReader 完成多篇文章的读取操作
____________________
```

```
# 导入 string 模块，使用其中的 punctuation 库过滤标点符号
import string

# 将存有学生作文的 txt 文档全部存放在目录“files/practice1”中，读取作文
path = 'files/practice1'
my_text = PlaintextCorpusReader ( path, '.*\.txt' )

# ____________________
token_list = my_text.words()

# ____________________
token_list = [word.lower() for word in token_list]

# 利用 string.punctuation 完成标点符号过滤
word_list = [word for word in token_list if word not in string.punctuation]

# ____________________
word_freq = FreqDist(word_list)

# 设计一个自定义函数，实现对高频词统计个数的自由修改，top 为统计高频词个数
def f(top):
    # 取词频统计结果中的前 top 项进行展示，赋值给变量 data
    ____________________
    # ____________________
    df = DataFrame(data,columns=('word','freq'))
    # 完成绘图操作
    ____________________

# 进行交互操作，设置统计高频词个数范围为 5~20
____________________
```

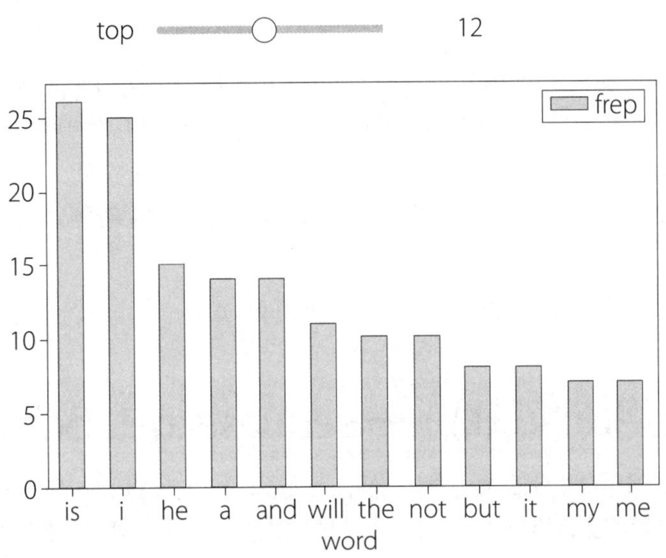

3.4 网络资源获取与 AI 语言分析指令

在 Python 的帮助下，我们能充分利用网络资源，也可通过功能强大且丰富的 Python 库完成更加多样的分析需求。本节内容主要涉及三个模块，分别为 requests、BeautifulSoup 以及 pigai。

1. requests

在 Python 学习与应用过程中，读者可以尝试利用网络资源满足更多样的需求，包括从网络上爬取文章、调用语言分析 API 等。完成这些需求的前提是对相关网页发起访问，这就需要用到用于访问网络的第三方模块 requests。

安装方法（学习平台无须安装）：pip install requests

2. BeautifulSoup

BeautifulSoup 是一个可以从 HTML、XML 文件中提取数据的 Python 库，在进行网页数据分析时使用，推荐使用版本 4。

安装方法（学习平台无须安装）：pip install BeautifulSoup4

3. pigai

本书案例中的第三方模块 pigai 包包含基于语料库的智能语言处理工具函数及资源，其中的语料库数据资源包括母语语料库与中国英语学习者语料库，可作为多领域的语言研究数据依据，也可作为日常教学小程序设计的数据资源。另外，其中具有 AI 特点的工具函数如完形填空、句子续写等，操作简便，功能新颖，对教学创新有一定的启发意义。

安装方法（学习平台无须安装）：pip install pigai

3.4.1 网络资源获取——requests.get, BeautifulSoup

requests 模块中的网络请求方式包括 get、post、put、options 等，我们只要了解常用的 get 方法，就可以满足基本使用需求。在浏览器中输入网址访问网站就是一次 get 请求，利用 requests.get() 方法发送网络请求后，就可以接收到网页数据并通过后续操作完成其他分析处理。

requests.get() 提交网络请求

语法：

```
import requests
requests.get( url, params ={key1:value1, ...} )
```

示例：

```
a=requests.get( 'https://www.*****.com/s', param={'wd':'Python'} )
a.text
```

结果：

代码块下方显示该网页代码

通过 requests.get() 方法访问网页后，会得到一个返回的响应对象，这个对象中就包含我们想要的信息，如左侧示例中的变量 a。利用 .text 的方法可以将所接收的页面信息转换为文字的形式。在左侧代码中，我们隐去了部分网址，读者可使用真实网址进行体验。

在使用 request.get() 进行请求时，参数 param 信息会作为后缀添加在网址后面。我们在浏览网站时会发现，同一个网站的不同搜索结果的网址中包含一些相同的关键字段，这些关键字段可以被看作 request.get() 中传递的参数 param 信息，如上述案例中所请求的网址就与网址 https://www.*****.com/s?wd=Python 相同。一些 API 资源在开放免费使用权限时，可能会要求用户进行申请操作，在申请过程中产生的一些专属于用户的信息（如用户名、账号等）会作为 param 参数，以此产生用户专用的访问地址。

在进行 API 调用时，返回的结果需要转化为 json 格式。json 是一种轻便、灵活的数据交换语言，是互联网传输中常用的数据格式。在 requests 中自带 json 数据的转化功能。当进行一些简单的 API 调用操作时，在响应对象后增加 .json() 即可完成。

我们以翻译打分 API（地址：http://dev.werror.com:7094/trans/scorepp）进行说明：

调用翻译打分 API 时，须设置两个 param 参数，分别为 'doc1'（答案译文）和 'doc2'（学生译文）。通过分析比对后，API 会返回学生译文的分数。完整调用方法如下：

```
score=requests.get(
                    'http://dev.werror.com:7094/trans/scorepp',
                    params={'doc1':sample,'doc2':text}
                    )
```

这时我们将返回的结果 score 转化为 json 格式，就可以得到相应分数，所得结果的数据类型为数字。若使用 .Text 方法对 score 进行转化，所得结果的数据类型为字符串。两者的区别如下：

```
# 转化为 json 格式显示
A=score.json()
print(type(A))

# 转化为 Text 格式显示
B=score.Text
print(type(B))
```

```
得到结果：
# json() 格式数据类型为浮点数
'class<float>'


# Text 格式数据类型为字符串
'class<float>'
```

API（Application Programming Interface）的中文概念是“应用编程接口”，我们可以把它理解为是一些预先定义好的函数，通过调用这些函数来使用其相关功能，而不需要访问其源代码。目前，网络上有一些开放的 API 资源，除了前面介绍的模块安装方式外，读者还可以通过 HTTP 方法进行调用。其中，包括词法分析、句法分析、情感分析等语言处理相关的功能均可以为我们所用，读者可以根据需求进行相关查阅。

我们可以把 BeautifulSoup() 功能可以看作一个网页分析器，通过解析操作，实现网页信息的提取，在爬取文章时经常使用。

BeautifulSoup() 解析网页

语法：

BeautifulSoup（响应对象，'html.parser'）

示例：

```
res=requests.get(url).text
soup=BeautifulSoup(res,'html.parser')
```

结果：

输出 soup 则会得到当前网页的代码内容。

在 BeautifulSoup 的几种解析器当中，我们选择支持 Python 标准库的 HTML 解析器，使用方法为：BeautifulSoup (get 返回的响应对象，'html.parser')。

```
import requests
from bs4 import BeautifulSoup

# 发起请求并解析网页
url='https://www.**********.com.cn/culture'
res=requests.get(url).text
soup=BeautifulSoup(res,'html.parser')
```

得到网页的解析结果后，就可以通过标签特征去获取自己需要的链接和文本了。请观察一个网页的部分代码结构（已隐去部分网址）：

```
<div class="fcon" style="display: none;">
  <a target="_blank" shape="rect" href="//www.          .com.cn/a/202007/16/
  <div class="shadow">
    <h3><a target="_blank" shape="rect" href="//www.          .com.cn/a/202007/16/
  </div>
</div>
```

标签 <a> 中的 href 属性用于指定超链接，而这些链接中就包含我们需要的文章页面。文章页面的网址基本都是采用相同模式的 url，如 www.**********.com.cn/ 六位数字 / 二十位不规则字符 .html。只要收集这些相同模式的 url，就能找到相应的文章。

我们简单了解一下获取所有 url 的方法。首先，找到解析结果中的所有指定标签 <a>，使用 find_all 方法：soup.find_all(标签名)；找到所有标签 <a> 的方法：soup.find_all('a')。通过此方法找到 <a> 标签后，就能通过 tag['href'] 的方法获取 href 属性所对应的 url。完整操作方式如下：

```
for tag in soup.find_all('a'):
    link = tag['href']
    print(link)
```

然后，就可以输出所有标签 <a> 当中的 url 了。若要在所有 url 中挑选出所需的，则涉及一个新的知识点：正则表达式。

正则表达式可以设计一种字符串模式，检查某一个字符串中是否存在我们所需模式的字符串。这种表达式不仅可用于文本整理与分析，也可用于查找与收集网址。正则表达式较常用的方法是将普通字符与特殊字符组合在一起进行匹配。特殊字符前需要用转义符“\”，如 'a \+b' 就表示 + 前的字符可出现多次（至少出现 1 次），所以 ab、aaaaab 都是它的匹配结果。

正则表达式内容较多，在操作组合时可能存在一定难度。我们从实际应用需求的角度整理了几项常见的表达式形式及其解决的需求，如表 3.6 所示。

表 3.6

实现需求	表达形式
n 位数字	\d{n}
至少 n 位数字	\d{n,}
m-n 位数字	\d{m,n}
m-n 位字符	.{m,n}
非空白符	\S
前符重复任意次	*
除换行符外的任意字符	.*?

例如，'www.aaa.com/2020\d{2}/.*?.html' 中的 \d{2} 表示任意 2 位数字，.*? 表示除换行符外的任意字符，下面几项字符串均和这个表达式匹配：

'www.aaa.com/202011/xsajk.html'

'www.aaa.com/202020/ajk.html'

'www.aaa.com/202001/2639sssk.html'

本书会在第 4 章 4.7——爬取网络文本的操作中演示如何通过正则表达式进行网址的匹配操作。

练习

1.（多选题）若要进行网络文章的爬取，需要用到的两个指令为（　　）。

A. requests.get　　B. request.get　　C. BeautifulSoup　　D. beautifulsoup

2.（填空题）现需要利用网络 API 资源为学生的译文进行评分，可通过 HTTP 形式调用翻译打分 API（地址：http://dev.werror.com:7094/trans/scorepp）。已知其可以通过 request.get() 方式发起请求，param 参数分别为 'doc1'（答案译文）和 'doc2'（学生译文），返回结果为评价分数，需转换为 json 格式。若答案译文已赋值给变量 ANSWER，学生译文已赋值给变量 STUDENT，请完成以下填空将正确的调用语句补充完整。

```
requests.get('http://dev.werror.com:7094/trans/scorepp',
            params= __________
            ). __________
```

3.（单选题）若已经通过 requests.get(url).Text 的方式获取了某网站的 HTML 代码，并赋值给变量 content，现需要使用 BeautifulSoup 对其进行解析，以便查找后续标签获得所需内容。BeautifulSoup 解析操作语句的正确写法为（　　）。

A. soup=BeautifulSoup(content,'html.parser')　　B.soup=BeautifulSoup(content,html.parser)

C. soup=BeautifulSoup(content)　　D. soup=content.BeautifulSoup('html.parser')

4.（填空题）若已得到某网页“https://www.*****.com/”的解析结果 soup，现在需要获取其中所有文章的链接。第一步获取所有标签 <a> 中的 url，并存入列表 LinkList 当中，以备后续筛选。请根据下列提示完成填空，实现以上操作。

① 设置空列表用于存放所有 url

LinkList=__________

② 使用 find_all 方法找到所有 <a> 标签

for tag in soup. __________ :

③ 获取 url 并将其赋值给变量 Link

Link=tag[__________]

④ 将每一个 url 依次存入列表中

LinkList. __________

5.（简答题）现需对一个网站的文章进行爬取，请用文字写出以下指令或方法所作用步骤的对应需求。

例：request.get：向网站发出申请

BeautifulSoup：

find_all：

3.4.2 完形填空——cloze

cloze() 指令是基于语料库的智能语言指令，可用于查看一句话当中某一个位置的词汇分布情况。我们可以把它理解为一个完型填空的 AI 工具，读者可以将这个指令作为语言校对、自主出卷的工具，非常方便。在使用相关指令前，先导入 pigai 模块相关功能：from pigai import *。

cloze() 查看语料库中指定位置词汇的分布情况

语法：

cloze (含 * 的句子 , 显示结果个数)

示例：

cloze ('Parents * much importance to education.')

结果：

如下所示

cloze() 的判断依托于批改网母语语料库，默认显示前十个结果，也可以自定义显示结果的数量。在句子中，* 替代挖空位置。

```
# 在使用相关指令前，需要导入pigai模块相关功能
from pigai import *
# # 设置参数分别为句子和显示结果个数
res=cloze('Parents * much importance to education.',5)
print(res)
```

```
     word    prob
0  attach  0.5470
1    give  0.2403
2     pay  0.0302
3   place  0.0300
4     put  0.0296
```

如上所示，我们可以利用 cloze() 得到这句话中 * 处位置使用较多的单词及其占比，使用频率从高到低为“attach-0.5470”“give-0.2403”等。注意：这里得到的结果基本为正确用法，其结果不体现答案的唯一性，仅根据语料库分布结果帮助读者判断此处使用频率的高低。

更多 pigai 包中基于母语语料库的分布查询类指令见表 3.7。

表 3.7

指令	功能
nextword ('检索句子',显示结果个数)	查询所检索句子的句末承接词在语料库中的使用分布情况。例如，nextword ('What an', 5) 的输出结果为语料库中 What an 后最常用的五个单词及其占比。
addone ('检索句子',插入词位置，显示结果个数)	查询所检索句子指定插入位置词位在语料库中的使用分布情况。例如，addone ('What a day', 2,5) 的输出结果为语料库中 What a... day 省略号位置上最常用的五个单词及其占比。
repone ('检索句子',替换词位置，显示结果个数)	查询所检索句子指定替换位置词位在语料库中的使用分布情况。例如，repone ('I pay attention to it', 2,5) 的输出结果为语料库中 I pay... attention to it 省略号位置上最常用的五个单词及其占比。

练习

1.（单选题）若需要依据语料库数据辅助判断完形填空中某个位置的单词分布情况，可以使用哪个指令？（　　）

A. Python 内置的 nextword　　B. pigai 包中的 nextword

C. pigai 包中的 cloze　　D. Python 内置的 cloze

2.（填空题）若需要依据语料库数据了解“If you live in a suburb or a city with good parks, take __________ of what 's there.”中挖空处的用词分布情况，并输出使用占比最高的前十项，请完成填空将实现该需求的相关语句补充完整。

from pigai import *

cloze(__________ , __________)

3.（单选题）pigai 包中的 cloze 指令也可以辅助固定搭配的学习。若在 cloze('take it * account') 的输出结果中，第一项“into”所对应的数值为 0.9898，则该数值所代表的是哪个选项中的含义？

A. 在 pigai 包提供语料库中 take it into account 的出现频次为 0.9898

B. 在 pigai 包提供语料库中 take it into account 的出现的标准频次为 0.9898 次 / 百万词

C. 在 pigai 包提供语料库所有 take it * account 星号位置上可能搭配使用的单词中，into 的占比为 0.9898

D. 在 pigai 包提供语料库中 take it into account 在所有短语中的占比为 0.9898

4.（填空题）现需要基于语料库数据对“The past years have witnessed the __________ of industry.”中挖空位置可使用的单词进行检索和学习，请利用 pigai 包中的 cloze 指令完成此需求，并基于输出结果中的前十项数据绘制横向条形图。请完成填空将实现该需求的相关语句补充完整。

res = cloze(__________ , 10)

res. __________ (kind = __________ , x = __________)

plt.show()

5.（简答题）若需要利用 pigai 包中的 cloze 指令搭配交互指令 interact 完成一个简易的完型填空分布情况查询工具（不考虑内容含义，仅基于语料库数据中的使用习惯），并可以在文本框中修改替换句子内容且利用滑动条调整显示结果的数量（数量范围为 1~10）。请写出实现以上需求的相关语句，交互页面如下：

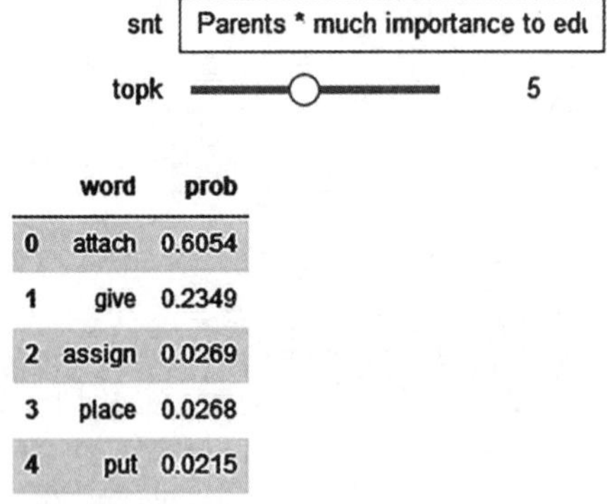

	word	prob
0	attach	0.6054
1	give	0.2349
2	assign	0.0269
3	place	0.0268
4	put	0.0215

提示：cloze() 中的两个变量参数分别为 snt 和 topk。

3.4.3 简易词典——ecdic

ecdic 指令可以实现简易的词典功能，显示搜索词的中文释义。其最大的特点是可以按照某一词形模式进行查词，如带 con- 前缀的单词、-tion 后缀的单词，使用前先导入相关模块功能 from pigai import *。

nextword() 查看语料库中指定位置词汇的分布情况

语法：

nextword ('句子 ', 显示结果个数)

示例：

nextword ('I like to eat an', 10)

结果：

如下所示

nextword() 的语法形式为：nextword(' 句子 '，显示结果个数)。如左侧操作，可以得到“I like to eat a”这句话后面最常用的十个单词及其每百万词的使用频次。

```
# 在使用相关指令前，需要导入pigai模块相关功能
from pigai import *
# 使用*替代所有未知字符，如：con*则表示查找以con-为前缀的单词
ecdic( pattern='con*', wlen=10, limit=10 )
```

```
[('concentric', 'a:同心,同轴:v:同心'),
 ('conception', 'n:概念,构想,看法,设想,怀孕,构思,见解,妊娠,机杼,胎儿,心裁,立意:
 ('concerning', 'p:关于,论及,至于,对于,有关:v:就'),
 ('concession', 'n:让步,特许权,特许,租界,租借地,迁就,核准:v:特许'),
 ('conciliate', 'v:和解,调停,劝慰,说服,安抚,抚慰,赢得,调解'),
 ('conclusion', 'n:结论,结局,断定,决定,缔结,定论,商定,议定,断语,终结,终了'),
 ('conclusive', 'a:确凿'),
 ('concoction', 'n:混合,捏造,配制:v:配制,调制'),
 ('concordant', 'a:谐和'),
 ('concretion', 'n:结石,结核,凝结,凝固')]
```

我们也可以利用 ecdic 指令搭配 interact 指令完成一个交互查询小工具。已知 ecdic 的三个参数为 pattern（词形模式）、wlen（词长）、limit（显示结果个数），若在小工具中将词长与显示结果个数均设置为滑动条形式，则更加方便使用。所以，我们在 interact 中可将 wlen 与 limit 两项参数设置为数字区间，如下所示：

```
from ipywidgets import interact
from pigai import *
interact(ecdic, pattern='con*tion', wlen=(10,15), limit=(1,20))
```

```
pattern  con*tion
wlen     10
limit    10
```

```
[('conception', 'n:概念,构想,看法,设想,怀孕,构思,见解,妊娠,机杼,胎儿,心裁,立意
 ('concoction', 'n:混合,捏造,配制:v:配制,调制'),
 ('concretion', 'n:结石,结核,凝结,凝固'),
 ('conduction', 'n:传导,导电,引流:v:传导'),
 ('confection', 'n:制造,调制,糖食,蜜饯,糖果:v:调制'),
 ('conflation', 'n:合成,熔合'),
 ('congestion', 'n:充血,拥挤,拥塞,充满,聚集,稠密,充斥,过剩:v:聚集,充血,堆积'),
 ('connection', 'n:连接,关系,联系,接线,结合,客户,套管,瓜葛:v:结合,连接,连通'),
 ('conniption', 'n:歇斯底里,激怒'),
 ('contention', 'n:论点,争论,主张,竞争,斗争:v:争论')]
```

这个设计表示在查询以 con- 为前缀、-tion 为后缀的单词时，小工具可滑选的词长范围为 10~15 个字符，可滑选的显示结果个数范围为 1~20 个。读者可模仿上面的语句，尝试完成自己的设计。

练习

1.（单选题）若需要使用 pigai 包中的 ecdic 指令查询所有以 ex- 开头、8 个字符长度的单词，在已导入 pigai 相关模块功能的情况下，正确的语句是（　　）。

A. ecdic('ex*',8)　　B. ecdic('ex*',None,8)　　C. ecdic('ex-',8,None)　　D. ecdic('ex*',8,None)

2.（单选题）哪个选项是对 ecdic('*ly', 6, 10) 语句查询目标的正确描述？（　　）

A. 查询 10 个以 ly 结尾、词长为 6 的单词及其释义

B. 查询 6 个以 ly 结尾、词长为 10 的单词及其释义

C. 查询 10 个以 ly 结尾、词长为 8 的单词及其释义

D. 查询 10 个以 ly 结尾、词长为 6 的单词

3.（单选题）若需要使用 pigai 包中的 ecdic 指令查询所有以 in- 开头、-able 结尾的单词，在已导入 pigai 相关模块功能的情况下，正确的语句是（　　）。

A. ecdic(pattern='in*able')

B. ecdic(pattern='in*able', limit = None)

C. ecdic(pattern='in*able', wlen=None, limit = None)

D. ecdic(pattern='in*'+'*able', limit = None)

4.（填空题）请写出下列语句所对应的需求。

例：ecdic(pattern='*ful', wlen=10, limit = 10) 查询显示 10 个以 -ful 结尾、词长为 10 个字符的单词及释义

（1）ecdic ('com*tion', wlen=11, limit = None) ________________________________

（2）ecdic (pattern='*ing', wlen=10, limit=20) ________________________________

5.（简答题）若利用 ecdic 指令与 interact 指令完成一个可根据词形模式进行词汇查询的小工具，并实现对词长及显示单词数量的自定义调节，请写出相关语句（以默认 -ment 结尾模式为例，词长范围为 6~10，显示结果数量范围为 1~20）。

3.4.4　数据库查询——r.zrevrange

pigai 包中提供了两个语料库的读取功能，分别是标准语料库 juk（句酷母语英语语料库）与学习者语料库 sino（中国学生写作英语语料库）。语料库中的数据以 key-value 的形式存储。我们可以将 key 理解为一项数据的名字，value 是数据的内容，其中每一个 key 对应一组数据 value。我们能使用 r.zrevrange() 等指令查询 key 所对应的值，

如 r.zrevrange('juk:lex', 0, -1, True) 这个语句表示读取 juk 语料库中 key “lex” 对应值中的所有内容，然后按降序排列，也就是查询 juk 库中的所有词频。掌握此方法后，读者就可以利用这两个语料库中的数据进行对比研究了。

r.zrevrange() 指令来源于 redis 模块。Redis（Remote Dictionary Server）是一个高性能的 key-value 存储系统，支持存储的值（value）类型包括 string（字符串）、list（列表）、set（集合）、zset（sorted set—有序集合）和 hash（哈希）等，常用于处理大规模的数据读写。在 Python 中，redis 模块可用于调用操作 redis 功能，连接数据库后进行数据读取。

pigai 包已集合了 redis 的常用方法，读者可读取调用 juk 及 sino 数据库，使用 from pigai import * 语句导入所有模块后，通过 r.zrevrange() 的形式调用即可。

```
# 在使用相关指令前，先导入pigai模块相关功能
from pigai import *
# 查询juk语料库中所有单词词频
r.zrevrange ( 'juk:lex', 0, -1, True )
```

```
[('the', 15453427.0),
 ('.', 14724792.0),
 (',', 10749770.0),
 ('to', 6291252.0),
 ('of', 5526927.0),
 ('and', 5494065.0),
 ('a', 5479964.0),
 ('in', 4675374.0),
 ('for', 2281887.0),
 ('that', 2249999.0),
 ('is', 2215261.0),
```

r.zrevrange() 读取语料库数据

语法：

r.zrevrange(key, 起始项，最末项，True)

示例：

r.zrevrange ('juk:lex', 0, -1, True)

结果：

```
[('the', 11517669.0),
 ('.', 11258585.0),
 (',', 8204202.0),
 ('to', 4850984.0),
 ('a', 4304134.0),
 ('of', 4285871.0),
 ('and', 4255935.0),
 ('in', 3763160.0),
 ('for', 1785436.0),
 ('-', 1700192.0)]
```

指令中的参数包括所读取的 key，读取的起始项（一般从 0 开始，表示从第一项开始读取），读取的最末项，True 表示显示每项值所对应内容。左侧示例表示读取 juk 库中词频最高的十组元素。

各类数据读取操作对应的 key 语法见表 3.8。

表 3.8

操作需求	Key 语法	补充说明
查询所有单词词频	r.zrevrange('juk:lex', 0, -1, True)	
查询某类词性单词词频（以动词为例）	r.zrevrange('juk:pos:VERB', 0, -1, True)	verb 动词，noun 名词，adj 形容词，adv 副词，pron 代词，cconj 连词
查询某类词性标记单词词频（以动词过去式为例）	r.zrevrange('juk:tag:VBD', 0, -1, True)	词性标签书写形式请查看本书附录“NLTK 词性标记表”
查询某个单词词形分布（以单词 book 为例）	r.zrevrange('juk:lex', 'book')	
查询某个单词及其变形词的词性分布（以单词 book 为例）	r.zrevrange('juk:lempos:book', 0, -1, True)	
查询搭配分布（以单词 open 为例）	r.zrevrange('juk:verb_nouns:open',0, -1, True)	verb_noun 动宾搭配； noun_verb 主谓搭配； adj_noun 形名搭配；adv_adj 形副搭配； verb_adv 谓副搭配； s 添加位置决定搜索搭配词位置，如 verb_nouns 表示搜索与指定动词搭配的名词分布情况
拓展指令： r.zscore() 语法形式为 r.zscore(key, 指定一项 value)，输出结果为指定 value 所对应数据		
查询某个单词词频（以单词 book 为例）	r.zscore('juk:lex', 'book')	
根据 key、value 值查询指定 value 对应的搭配频次（以搭配open door为例）	r.zscore('juk:verb_nouns:open' , 'door')	

需要注意的是，这里读取的数据是相应内容在语料库中出现的绝对频次。若要用 juk 库及 sino 库之间的数据对比观察中国学生英语写作输出与母语者表达间的差异，则要将频次转化为占比，或计算标准频次后才可进行统一标准下的比对。

下面是一则占比计算示例。若需计算 sino 库中单词“take”与“measure”的搭配频次在所有“measure”所在动 + 名词搭配中的占比情况，可通过以下方式实现：

```
# 获得 sino 库中 measure 在所有动 + 名词搭配中的频次总和
zsum_sino = sum( [ v for k,v in r.zrevrange( 'sino:verbs_noun:measure' , 0, -1, True) ] )
# 计算每一项搭配在所有搭配中的占比并存入字典 dict_sino
# 字典中数据的存储形式为 { 动词 1: 占比 1, 动词 2: 占比 2,... }
dict_sino = { k:v/zsum_sino for k,v in r.zrevrange( 'sino:verbs_noun:measure' , 0, -1, True) }
# 从字典中调出指定动词 take 所对应的占比
print( dict_sino[ 'take' ] )
```

每百万词标准频次计算公式为：标准频次 =1 000 000 * 绝对频次 / 总词频

例：以“take measure”搭配为例计算每百万词标准频次

```
juk_Afreq = r.zscore( 'juk:verbs_noun:measure' , 'take' ) # juk 库
juk_Sfreq = 1 000 000 * juk_Afreq / 260713622          # juk_Sfreq 为每百万词标准频次
sino_Afreq = r.zscore( 'sino:verbs_noun:measure' , 'take' ) # sino 库
sino_Sfreq = 1 000 000 * sino_Afreq / 57318091          # sino_Sfreq 为每百万词标准频次
```

本章介绍的 pigai 包中的三项指令均为资源利用类指令，使用方法比较简单，读者可根据自己具体的操作需求进行选择及使用。

练习

1.（单选题）若要用 pigai 包中的 juk 语料库资源获取在英语为母语的表达中最常与 take 搭配使用的十组名词，在已经导入 pigai 包相关功能的情况下（from pigai import *），能实现此需求的是（　　）。

A. r.zrevrange('juk:verb_nouns:take',0, -1, True)

B. r.zrevrange('juk:verb_nouns:take',0, 9, True)

C. r.zrevrange('juk:verb_nouns:take',0, 10, True)

D. r.zrevrange('juk:verbs_noun:open',0, 9, True)

2.（单选题）若要用 pigai 包中的 sino 语料库资源获取中国学生的英语写作表达中单词 please 及其变形词的词性使用情况，在已经导入 pigai 包相关功能的情况下（from pigai import *），能实现此需求的是（　　）。

A. r.zrevrange('sino:lempos:please', 0, -1, True)

B. r.zrevrange('sino:lempos', 'please', 0, -1, True)

C. r.zrevrange('sino:lemlex:please', 0, -1, True)

D. r.zrevrange('sino:lemlex', 'please', 0, -1, True)

3.（单选题）若需要读取在 pigai 包所提供的 sino 语料库中单词“advantage”出现的总频次，能实现此需求的是（　　）。

A. r.zrevrange('juk:lex:advantage', 0, -1, True)　　B. r.zscore('juk:lex', 'advantage')

C. r.zrevrange('juk:lex:advantage')　　D. r.zscore('juk:lex:advantage', 0, -1, True)

4.（简答题）若已通过 pigai 包中的 r.zscore() 指令获得了单词“thing”在 juk 库及 sino 库中出现的频次，能否直接使用这两组频次数据进行对比，以观察相较于以英语为母语的表达而言，中国中学生的英语写作中关于“thing”的超用、少用现象？为什么？

5.（简答题）若需要利用 pigai 包中提供的 juk 与 sino 语料库资源，对比两个库中“good quality”在所有“factor”所在的形容词 + 名词搭配中的占比情况，以了解中国学生在用“quality”进行描述时对于形容词“good”的超用、少用现象，并用柱状图绘制出对比结果。请写出实现以上需求的相关语句。

提示：可使用 DataFrame.plot() 进行绘图操作，构造 DataFrame 对象时，可在字典中存入语料库名称和占比两组数据，形式为 { 'corpus': ('sino','juk'), 'prob': (sino 库占比 ,juk 库占比) }。

综合小练习四：调用语料库数据并绘制图例

资源型指令在教学应用中有很强的实用性，很多实际教学场景中常用的功能都可以利用这些指令轻松实现。接下来，我们就利用 pigai 库中的数据调用指令结合绘图指令完成简易的语料库数据对比及绘图功能设计。

在这个小练习中，我们以 information 的动宾搭配为例，查询中国学生动宾搭配使用情况与母语者使用习惯之间的差异。利用 pigai 包中的 juk 库与 sino 库数据，查询学生写作库 sino 中与名词 information 搭配频次最高的 10 个动词，对比它们在 sino 库与 juk 库的占比情况，绘制对比柱状图。

本练习涉及函数指令：

数据处理	sum 求和操作	r.zrevrange 调用数据	z.score 调用数据	append 添加元素	DataFrame 数据序列化
绘制图例	DataFrame.plot 绘制图例				

第一步，导入相关的第三方模块功能。

```
# 从pandas模块中导入DataFrame处理对比数据
# 导入pigai包的所有功能，本练习使用r.zrevrange和z.score读取数据库
from pandas import DataFrame
from pigai import *
```

第二步，调用和计算数据。由于两个数据库量级不同，为了捕捉分布特点，统计对比标准，我们选择使用各组搭配在库中的占比完成数据对比统计。首先，明确计算占比所需的两个数据对象、各组搭配的频次以及所有搭配的总和；然后，利用 sum() 指令及列表解析式获得 sino 库中与 information 搭配的动词频次总和。

第三步，利用列表解析式获取 sino 库中与 information 搭配频次最高的 10 组动词及其在所有搭配中的占比情况。至此，我们就已经得到了中国学生最常与 information 搭配使用的 10 组动词占比数据。我们先构建一个 DataFrame 数据对象 df，以便后续进行绘图操作。

```
# 为统一对比标准，需使用各组搭配在库中的占比进行对比统计
# 利用sum()对sino库中information的所有动词搭配频次求和
sino_sum=sum([v for k,v in r.zrevrange('sino:verbs_noun:information',0, -1, True) ])
# 读取中国学生写作语料库sino中与名词information搭配频次最高的10组动词，并将计算占比
# 数据存放于sino_list列表
sino_list=[(k,v/sino_sum) for k,v in r.zrevrange('sino:verbs_noun:information',0, 9, True)]

# 构建DataFrame对象
df=DataFrame(sino_list,columns=('word','sino_freq'))
```

第四步，获取这些动词搭配在母语语料库中的使用情况，也就是在 juk 库中的占比情况。我们设置一个空列表 juk_list，存放从 juk 库中得到的数据。首先，我们求得 juk 库中所有与 information 搭配的动词频次总和；然后，利用 for 循环，查询 sino 库中最常用的 10 组搭配动词在 juk 库中的频次，利用 r.zscore() 调取对应数据值，并使用 append() 计算其在数据总和中的占比情况，同时将其存入空列表 juk_list 中。至此，juk_list 中已存放这 10 个动词搭配在 juk 库中的占比数据。

我们已经分别获得了两个库中相同的 10 组动词与 information 搭配占比情况，而这 10 组动词是中国学生最常用的搭配，体现了中国英语学习者的英语使用习惯。利用这两组数据，我们可以观察到中国英语学习者在使用 information 的相关动词搭配时，与母语者的使用差异。

```
# 设置空列表juk_list用来存放juk库中的数据
juk_list=[]
# 利用sum()对juk库中information的所有动词搭配频次求和，以进行占比计算
juk_sum=sum([v for k,v in r.zrevrange('juk:verbs_noun:information',0, -1, True) ])

# 历遍sino库中搭配频次最高的10组数据
for k,v_sino in sino_list:
    # 提取10个单词在juk库中对应的频次数值
    v_juk=r.zscore('juk:verbs_noun:information',k)
    # 将得到的结果计算为占比数据并依次存入列表juk_list
    juk_list.append(v_juk/juk_sum)
```

最后，进行绘图操作。在第三步中，我们将 sino 库中的数据转化为 DataFrame 数据对象 df，现在将 juk 库中的数据也存入 df 中，方法为：DataFrame 对象 [' 新列名 ']= 新列表。这样，df 中就存有三列数据，分别为 word（单词）、sino_freq（sino 库中该单词搭配对应的占比）和 juk_freq（juk 库中该单词搭配对应的占比）。接着，对 df 直接使用 plot() 指令，就可以得到这组数据的对比图。

```
# 在DataFrame对象中添加序列juk_freq，并将juk中的数据存入
df['juk_freq']=juk_list
# 这时就得到矩阵形式的两组数据对比情况了
# 利用plot()进行对比图绘制
df.plot(kind='bar',x='word',rot=0)
plt.show()
```

这个小练习得到的图例效果如下所示，读者也可以尝试对不同的搭配数据进行检索和绘图。

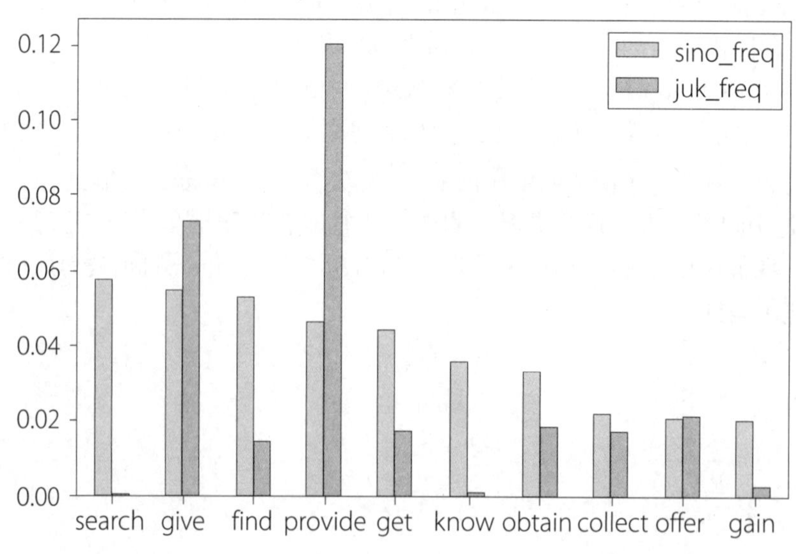

拓展练习：请根据下方提示，进行编程语言与执行需求的翻译练习。

例：

1. 正向翻译：根据逻辑要求写出相应的编程语言。

导入 pigai 库中的 r.zrevrange 指令，以便进行数据调用。

翻译：from pigai import r.zrevrange

2. 反向翻译：根据编程语言表达其执行需求。

翻译：导入 pigai 库中的 r.zrevrange 指令，以便进行数据调用。

from pigai import r.zrevrange

请完成下列编写步骤翻译，将过程补充完整，实现利用各数据资源型指令完成单词查询数据整理的操作。

```
# 在这个练习中，利用 dataFrame 将由 ecdic 及 z.score 查询到的数据进行整合

# 从 pandas 模块中导入 DataFrame 处理对比数据
# 导入 pigai 包的所有功能（使用 ecdic 查询单词释义及 z.score 读取数据库）
from pandas import DataFrame
from pigai import *

# 首先，使用 ecdic 指令查询数据库中以 -ment 结尾的 6 个字符长度的单词及其释义
data=ecdic(pattern='*ment', wlen=6, limit=None)

# 查询每个单词在 sino 库中出现的频次，并进行记录
# 设置空列表 datalist 用于数据存储
datalist=[ ]
# 利用 for 循环，将（单词、单词在数据库中的频次及释义）作为元组存入列表
for a,b in data:
        item=(a,r.zscore('sino:lex', a),b)
        # 将每组元组数据添加进列表 datalist
        datalist.append(item)

# 将元组列表数据转化为 DataFrame 对象，每列数据对应列名为 word，freq，def
df=DataFrame(datalist, columns=['word', 'freq', 'def'])
# 输出表格结果
print(df)
```

得到结果:

```
     word    freq                                                def
0  cement    85.0  v:凝结,胶合,加强,胶结,巩固,强化,接合,粘结,结:n:洋灰,士敏土,胶泥,水门汀
1  foment     NaN                    v:激起,助长,煽动,热罨,挑拨,挑起,酝酿,热敷
2  lament     4.0               v:悲伤,哀叹,哀悼,悲痛,悲叹:n:悼词,哀辞,悲叹,悲痛,哀歌
3  moment  1553.0   n:片刻,时机,力矩,关头,瞬间,会儿,刻,矩,契机,霎,场合,势头,须臾:a:片刻
```

第 4 章

Python 实战：八大教学应用场景

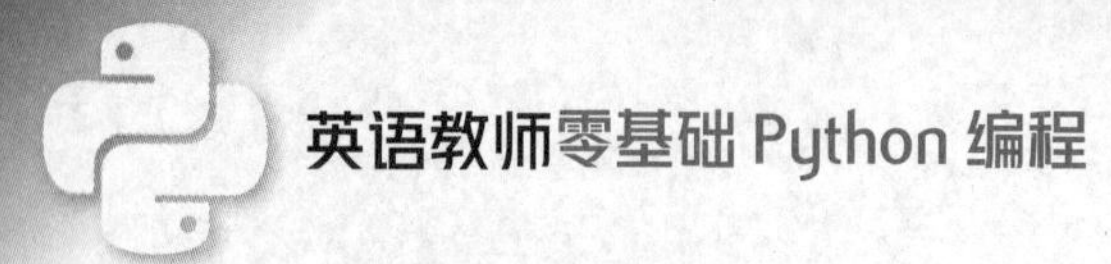

写在前面：服务教学是出发点

读到这里，读者对于 Python 的编写是否已经建立了一些信心了呢？本书在前言中提过，Python 并不是为了给自己增加一个程序员的身份，而是为了在大时代背景下，提高自身的信息素养，利用这些技术真正服务于教学。

因此，我们并不需要完全了解网站运行的原理，也不需要掌握搭建平台的能力，但是如果可以通过信息技术手段去设计一项学生能力的评价维度，去进行一项语言学分析任务，去完成与不同能力学生的阶梯式教学互动，或是去尝试一个小程序，增加教育互动中的新鲜感和趣味性，那一定是很有意义的。

接下来，我们就通过教学教研中可能涉及的八大实战案例，与读者一起探究 Python 的魅力，并将它真正应用起来。

4.1 计算语言维度值——以词汇丰富度为例

写作是一种语言输出，教师可以通过分析学生作文了解他们的综合语言能力，也可以从词汇、句法、语法等多个方面考查他们的写作表现，其中涉及多种维度的表现。只要掌握这些维度的计算公式，就可以利用 Python 分析学生的作文文本，并进行相应维度数值的计算。下面，我们以计算词汇丰富度为例，试着对一篇学生作文进行分析。

准 备　计算一项维度值，需要哪些准备工作呢？

（1）确认一项维度的计算公式；

（2）整理出所需的各数据项；

（3）整理出分析这些数据所需的功能模块并进行安装导入；

（4）思考是否使用自定义函数完成，以便后续调用；

（5）准备一些文本用于测试计算结果。

练 习 请试着按照以下步骤，完成计算词汇丰富度数值的编程设计。

1. 导入相关功能模块

如果已知词汇丰富度的公式为【词汇丰富度 = 类符数 /sqrt(2* 形符数)】，那么只要获取类符数（不重复词数）与形符数（词数），就可以完成运算了。

在对文本进行分词处理时，需要使用 NLTK 模块中的 word_tokenize 功能。在进行一些特殊运算前，先导入 math 模块以便调用相关数学函数。例如在这个案例中，我们就要用 sqrt（开方）函数。

```
# 导入 NLTK，使用 word_tokenize 功能进行分词
# 导入 math 模块，使用其中的数学运算函数（本案例使用开方 sqrt()）
from nltk import *
from math import *
```

2. 自定义函数完成词汇丰富度计算

设计一项维度数值的计算后，可能会需要多次使用，因此可以用自定义函数完成操作，以便后续多次调用。我们将词汇丰富度的计算函数命名为 word_richness，把所分析的文本对象设置为变量 res。

```
# 用自定义函数计算词汇丰富度
def word_richness(res):
```

3. 清洗数据

清洗数据是分析时非常重要的一环。在这个案例中，我们需要解决文本中句首大写和标点符号问题，才能得到类符词表与形符词表。

```
    # 开始清洗所得到的文本
    # 大小写归一
    text = res.lower()
    # 对文本进行分词
    token_list=word_tokenize(text)
```

```
# 去掉标点符号
punctuation = [',', '.', ':', ';', '?', '(', ')',
               '[', ']', '&', '!', '*', '@', '#', '$', '%']
token_list = [word for word in token_list if word not in punctuation]
  # 得到词表（形符词表）
token_list
# 利用 set() 方法获得不重复词表（类符词表）
type_list = set(token_list)
```

4. 计算维度数值

得到词表后，分别对形符词表与类符词表进行求长，就可以得到文本的形符数和类符数。然后根据公式进行计算，得到词汇丰富度数值。至此，词汇丰富度自定义函数编写完成。

```
# 利用求长 len() 方法求类符数及形符数
token = len(token_list)
type = len(type_list)
# 计算词汇丰富度
figure = type/sqrt(2*token)
return figure
```

5. 调用函数分析文本

我们直接使用刚刚定义好的函数对文本进行分析。先上传一篇文章试试，读者也可以导入多篇作文进行求值。

```
# 调用 word_richness() 函数计算文本词汇丰富度
# 读取文本文件 获得作文内容
f = open('files/test.txt')
content = f.read()
print(' 文章词汇丰富度为：')
print(word_richness(content))
```

运行后得到结果：

文章词汇丰富度为：7.760928706571734

6. 实现跨文件调用函数

在 Jupyter 平台上，可以导入和调用 .py 文件中的函数。通过 Jupyter 编写的文件后缀均为 .ipynb，在其他文件中无法直接使用，因此要把 .ipynb 文件转化为 .py 文件。在本案例中，我们在相应文件的代码块中输入下面这段代码，可以将此名称的 .ipynb 文件复制生成一个 .py 文件，存放在同级目录中。

```
try:
    !jupyter nbconvert --to python 'Case1 Word Richness.ipynb'
except:
    pass
```

注意：在进行不同文件的操作时，代码中的文件名要进行相应的修改。运行之后，能在文件所在目录中找到一个同名的 .py 文件，在其他编写任务中可以直接调用这个 .py 文件，使用其中的自定义函数 word_richness。

```
# 从 word_richness 中导入函数 word_richness，它的分析对象是文本
from word_richness import word_richness
```

用这个方法调用时，操作文件要与函数文件存储在同一个目录下。如果对 .py 文件进行了修改，而调用时也希望这些修改变化有效发生，则需要单击目录页右上角的“Upload”按钮。

Upload New ▾ ⟳

思考 如果只计算文本中所有动词的词汇丰富度，要在哪一个步骤中插入怎样的操作呢？

4.2 统计词频并绘制词云图

Python 可以完成很多的数据可视化操作，其中词云图绘制就是一个常见案例。它不仅可以展示语言数据，也可以增加教学互动的趣味性。下面，我们就一起完成一则词频统计与词云图绘制的操作案例吧。

准 备 完成词云图绘制，需要哪些准备工作呢？

（1）下载并安装有绘图功能的第三方模块并确认其数据格式；

（2）确认使用的文本来源及完成上传文件等准备工作；

（3）完成清洗文本的操作；

（4）分析获取数据；

（5）使用第三方模块功能完成绘图。

练 习 请试着按照以下步骤，完成词频统计及词云图绘制的编程设计。

1. 导入相关功能模块

Python 内置函数不能绘制词云图，因此要下载安装词云图绘制的第三方模块。我们推荐使用绘图模块——pyecharts.charts，其中的 WordCloud 函数可以完成词云图绘制。WordCloud 处理的数据类型是元组列表数据，形式为 [('drizzling', 2), ('rain', 4), ('fall', 1), ...]。在计算词频时要将数据类型转化为元组列表，在安装后导入词云图绘制功能。

在绘制词云图之前，要先完成对文本的词频统计，用 NLTK 模块中的 word_tokenize 功能进行分词，用 FreqDist 功能进行词频统计，WordNetLemmatizer 还原词形，并使用 pandas 库中的 DataFrame 功能完成对词频数据的表格化输出。我们对相应的模块功能进行安装（学习平台已安装）并导入。

```
# 使用 NLTK 的 word_tokenize 功能进行分词
# 使用 NLTK 的 FreqDist 功能进行词频统计
# 从 pandas 中导入 DataFrame 功能进行表格式数据格式转化
# 从 nltk.corpus 中导入 stopwords 库进行停用词过滤
# 从 nltk.stem 中导入 WordNetLemmatizer 进行词形还原
# 从 pyecharts 模块 导入 WordCloud 功能
from nltk import word_tokenize,FreqDist
from nltk.corpus import stopwords
from pandas import DataFrame
from nltk.stem import WordNetLemmatizer
from pyecharts.charts import WordCloud
```

2. 准备分析文本

如果要分析文档中的文本，应先上传文档，并设置文件路径，然后读取文档即可。在使用 Jupyter Notebook 读取文件内容时，文件路径是从同级目录开始写起的。我们将名为 test.txt 的 .txt 文件上传至同级目录的 files 文件夹中，并完成读取。

```
# 读取文本文件 获得作文内容
f = open('files/test.txt')
res = f.read()
```

3. 清理文本并统计词频

文本清理在上一个案例中已经操作过了，与本案例不同的是，词云图绘制需要将单词进行词形还原，保证输出结果的准确和图片的美观，体现词云图的展示价值。

```
# 获得清洗后的文本词表并统计词频
# 大小写归一
text = res.lower()
# 对文本进行分词
text_list = word_tokenize(text)
```

```
# 去掉标点符号
punctuation = [',', '.', ':', ';', '?', '(', ')', '[', ']', '&', '!', '*', '@', '#', '$', '%']
text_list = [word for word in text_list if word not in punctuation]
# 去掉停用词
stop_words = set(stopwords.words('english'))
text_list = [word for word in text_list if word not in stop_words]
# 还原词形
new_list = [ ]
wnt = WordNetLemmatizer()
for word in text_list:
    word = wnt.lemmatize(word)
    new_list.append(word)
# 对清洗后的词表进行词频统计
output = FreqDist(new_list)
```

4. 预浏览词频统计结果

完成词频统计后可以查看高频词，并利用 DataFrame 功能将其以表格的形式输出，即可较为直观地看到词频对比结果。

```
# 提取频次最高的 10 个单词
top=output.most_common(10)
# 以表格数据形式进行展示
print(' 得到 TOP10 词频表：')
DataFrame(top,columns = ['word', 'freq'])
```

运行代码块，页面呈现结果：

得到TOP10词频表：

	word	freq
0	rain	4
1	day	4
2	like	3
3	flower	3
4	light	3
5	drizzling	2
6	tear	2
7	mourning	2
8	wine	2
9	drown	2

5. 进行词云图绘制

我们在安装导入模块的步骤中提到，此处使用的 WordCloud 功能可以处理的数据对象是元组数据，因此需要先将得到的 FreqDist 对象转化为元组才能使用。pyecharts.charts 中 WordCloud 的具体使用方法如下，读者可进行模仿操作。

```
# 使用 pyecharts 中 WordCloud 绘制词云图时，其分析对象可以是元组列表数据
# 返回数据需要将得到的 FreqDist 对象转化为元组列表
# 对待 FreqDist 对象，可以使用字典的操作方法
word_list = list(output.items())

# 生成词云图
cloud = WordCloud()
cloud.add('',word_list, shape='circle')
# 在 jupyter notebook 中显示图片
cloud.render_notebook()
```

运行后就能得到基于文本生成的词云图：

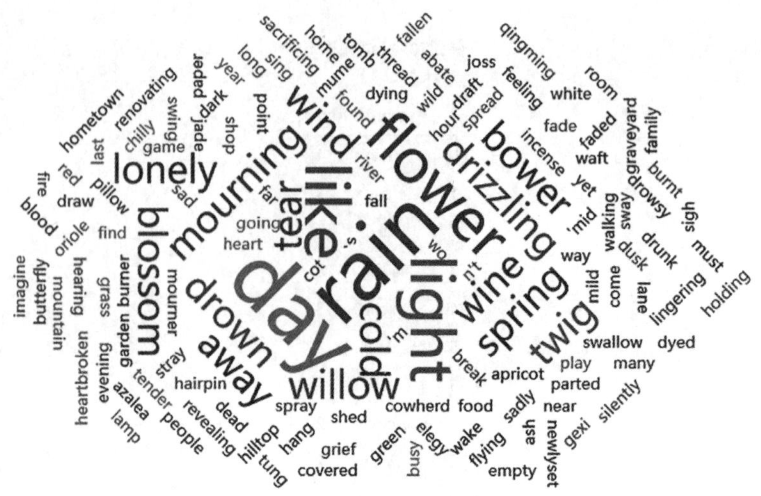

以上就是绘制词云图的方法，读者可将读取的文件更改为自己的文件，运行体会一下。

思 考 该案例使用了词形还原的方法整理词表，如果将此步骤改为词干提取，如何操作？生成的词云图会与案例中的词云图有哪些差别呢？

4.3 文本情感极值分析

情感分析是语言学研究中的重要组成部分，而通过 Python 实现文本情感分析并不难，可以直接调用第三方库的功能。

准 备 完成文本情感极值分析，需要哪些准备工作呢？

（1）了解可以完成情感分析的语言处理 API 工具，安装相应模块，了解使用方法和输出结果的意义（本案例使用的是 VADER）；

（2）准备分析文本；

练 习 请试着按照以下步骤，完成文本情感极值分析的编程设计。

1. 导入相关功能模块

本案例用到的是文本情感分析器是 vaderSentiment，VADER（Valence Aware Dictionary and Sentiment Reasoner）是基于词典和规则的情感分析开源 python 库。本案例使用的文本情感分析器是 vaderSentiment。安装 vaderSentiment 后，可以直接调用。

```
# 安装 vaderSentiment，使用其文本情感分析功能。平台已安装，可直接调用
from vaderSentiment.vaderSentiment import SentimentIntensityAnalyzer。
```

2. 定义一个情感极值分析函数

可以用 lambda 将情感极值分析的步骤集合在变量 res 上，方便后续使用。

```
# 将分析器赋值在变量 analyzer 上 方便编写代码
analyzer = SentimentIntensityAnalyzer()
# 使用 lambda 定义一个简易函数，对句子进行情感极值分析
res = lambda snt: analyzer.polarity_scores(snt)
```

3. 体验分析过程

```
# 对两个句子进行分析，体会其分析结果的差异
print(res("This is a good book."))
print(res("This is definitely an awesome book."))
```

运行后得到结果：

{'neg': 0.0, 'neu': 0.58, 'pos': 0.42, 'compound': 0.4404}

{'neg': 0.0, 'neu': 0.37, 'pos': 0.63, 'compound': 0.7783}

neg、neu、pos、compound 四个值分别表示消极、中性、积极、复合情绪值。其中，复合情绪值体现为 -1（最消极）到 +1（最积极）的情感分数。 读者可以观察一下当句子成分有所改变时，这些数值的变化。

接下来，我们再利用 VADER 计算一篇文章的复合情绪值吧。

1. 导入相关功能模块

下面这个案例分析了每个句子并计算均值，在分析开始前，要从 NLTK 模块导入 sent_tokenize 用于分句。

```
# 从 NLTK 模块导入 sent_tokenize 进行分句
from nltk import sent_tokenize
# 将分析器赋值在变量 analyzer 上 方便编写代码
analyzer = SentimentIntensityAnalyzer()
```

2. 定义一个情感极值分析函数

这个案例中，我们只获取四个值中的 compound 项，语法形式为：analyzer.polarity_scores(snt)['compound']。

```
# 将分析器赋值在变量 analyzer 上 方便编写代码
analyzer = SentimentIntensityAnalyzer()
# 使用 lambda 定义一个简易函数，对句子进行复合情绪值分析
value = lambda snt: analyzer.polarity_scores(snt)['compound']
```

3. 读取文本

将名为 text.txt 的文档上传至同级目录的 files 文件夹中。

```
# 读取文本进行分析
f = open('files/test.txt')
res = f.read()
```

4. 分句并计算每个句子的情感值均值

```
# 计算情绪复合值
```

```
# 设置变量 sum 计算所有句子的情绪复合值总和，备以计算均值
sum = 0
print(' 文本中每句话的情感极值统计：')
for snt in sent_tokenize(res):
    # 分析每个句子的情绪复合值，并将句子和数值成对输出
    print(snt,value(snt))
    # 每一句的数值逐个相加得到值的总和
    sum = sum+value(snt)
# 计算分句列表长度得到句子个数
count = len(sent_tokenize(res))
# 计算所有句子情感极值的均值
ave = sum/count
print(' 文本情感极值的均值为：',ave)
```

运行后得到结果：

文本中每句话的情感极值统计：

A drizzling rain falls like tears on the Mourning Day; The mourner's heart is going to break on his way. 0.4404

Where can a wine shop be found to drown his sad hours? -0.7783

A cowherd points to a cot 'mid apricot flowers. 0.0

...

文本情感极值的均值为：-0.18904117647058824

思 考 在教学中，还有哪些难以通过人工整理完成的文本分析需求？请查阅是否存在能解决相应需求的语言处理分析功能模块，并尝试下载安装。

4.4 差异化阅读材料推送

阶梯式教学互动需求很热门，如何针对不同能力的学生进行因材施教的教学一直以来都是教师思考的重点。所以，我们可以设计一个简易的教学互动工具，基于学生的作文水平，为其推荐相应能力等级的阅读学习材料。

准 备 完成差异化阅读材料的推送，需要哪些准备工作呢？

（1）思考所需要的硬件条件，包括交互页面和阅读材料。利用 Jupyter 完成一个交互页面，并分享给学生。同时，确认一个评价标准来衡量学生的写作表现；最后，准备好不同难度等级的文章，作为学生的自学阅读材料；

（2）明确实现该需求的功能模块；

（3）构思学生视角页面布局，确认需调用的交互控件；

（4）思考通过何种交互方式获取学生输入的作文，将作文赋值在哪个载体上；

（5）制定评价标准，根据不同能力表现的文章反馈不同的材料。

练 习 请试着按照以下步骤，完成差异化阅读材料推送的编程设计。

1. 导入相关功能模块

本案例涉及页面的可视化，要用 ipywidgets 模块中的 Button（按钮）、Layout（控制）、Textarea（长文本框）、VBox（组合元素）等功能。如果已经设计过文本分析的维度计算方式，可以直接调用，将自定义函数存入 .py 文件并保存在同一个目录下即可。

```
# 导入 ipywidgets 模块  使用其中几个重要功能
# 导入在“词汇丰富度”案例中编写的词汇丰富度函数（已将 py 文件名修改为 Word_Richness 并删除无关语句）
# 用 IPython.display 中的 display 功能展示控件
from ipywidgets import Button, Layout, Textarea, VBox
from Word_Richness import word_richness
from IPython.display import display
```

2. 设计页面元素

我们将页面简单设计为三个部分：输入作文文本框、提交按钮、反馈推荐阅读材料文本框。Layout() 中设置宽高参数，可以混合使用 % 与 px 的标准。% 为该元素所在空间内的百分比，px 即像素，将其设置为 Layout(width='80%', height='120px') 即可，读者可以模仿这个参数设置。

```
# 使用 Textarea() 设置输入文本框和推荐文章显示框
text = Textarea(layout=Layout(width='80%', height='120px'), value='', placeholder='Type the essay', description=' 你的作文 :')
res_text = Textarea(layout=Layout(width='80%', height='120px'), value='', placeholder ='', description=' 阅读推荐 :')
# 使用 Button() 设置提交按钮
btn = Button(description = 'RUN', tooltip = 'Click to show results')
# 使用 VBox() 将以上页面元素组合在一起
box = VBox([text,btn,res_text])
# 用 display 显示这些控件
display(box)
```

使用 display 展示所有元素后，得到结果：

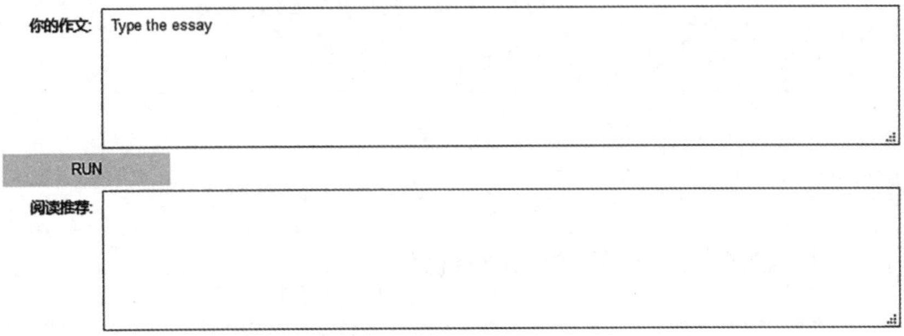

你的作文: Type the essay

RUN

阅读推荐:

3. 设计函数完成推送操作

接下来，我们设计一个函数完成从“单击按钮—判断词汇丰富度—推荐阅读材料”的操作过程。首先，完成第一层条件语句，处理文本框中有无文本的问题。当文本框中没有文本时，提示学生输入作文；当文本框中存在文本时，进入第二层条件语句，判断文本的词汇丰富度。在第二层条件语句中，单击按钮时，对输入文本框中的文字进行词汇丰富度判断，反馈结果为推荐材料文本框中的文字内容，不同维度数值等级的文本收到的反馈也不相同。在本案例中，我们将条件判断分为三个数值分布区间，分别推送文本 1、2、3（这里以 Text1、Text2、Text3 进行简单示范，读者可以输入完整文章或调用文档）。

```
# 自定义函数在每次单击按钮时对学生文本进行判断
def btn_click(sender):
            res_text.value = 'Text2'
  # 当学生未输出作文时 进行提示
  if text.value == '':
    res_text.value = ' 请输入你的作文 '
  else:
    # 当学生作文用词丰富度小于 5 推送材料 Text1
    if word_richness(text.value)<5:
      res_text.value = 'Text1'
    # 当学生作文用词丰富度大于 6 推送材料 Text3
    elif word_richness(text.value)>6:
      res_text.value = 'Text3'
    # 当学生作文用词丰富度介于 5 和 6 之间 推送材料 Text2
    else:
      res_text.value = 'Text2'
```

4. 调用函数

单击按钮时，触发自定义函数中的所有操作。

```
btn.on_click(btn_click)
```

输入一段测试文字：

你的作文: No matter what happen to us, parents will stand by our sides. We should be grateful to them and try to understand them.

RUN

阅读推荐: Text1

5. 分享页面

最后，将设计好的页面分享给学生。单击平台功能菜单栏最右侧的 Voila 按钮生成页面，分享网址即可。

至此，我们就完成了一个简单的师生互动操作，不同能力的学生在输入作文后会看到不一样的推荐内容。

思考 能否使用其他的评价标准？请尝试定义一个新的函数，用于评价和判断学生的作文，并使用在此案例中。

4.5 翻译批阅工具

在翻译教学中，教师需要审阅大量的学生译文，翻译题的批改难度远高于客观题，需要投入很大的精力。现在，我们一起设计一款翻译批阅工具，不仅可以用它自动获得每位学生的译文分数，而且还能自定义查询学生译文的单词词频，并能统计他们的译法，从而更好地指导教学。

准 备 设计一个批阅翻译作业的工具，需要哪些准备工作呢？

（1）了解需求：借助 API 资源辅助批阅翻译作业；

（2）设计工具功能：评阅大量的翻译内容，并给出评分，同时对学生译文中的用词进行简单统计，辅助之后的教学内容；

（3）想象操作场景：读取表格中的学生译文，打分并自动将分数存入表格，并提供一个可以查询指定词汇频次的功能，统计答案译文中的用词在学生译文中的使用频次，并支持更多词汇的自定义查询；

（4）查找可调用的 API；明确操作步骤，在完成查词需求时，需分词并进行词形还原；

（5）确认用于实现以上需求的模块，并进行相应的下载和安装。

练 习 请试着按照以下步骤，完成翻译批阅工具的编程设计。

1. 导入相关功能模块

读取表格、处理分词、调用 API 等需求分别要使用 pandas、nltk 及 request 模块，先导入相关功能模块：

```
# 导入 nltk 模块，使用 word_tokenize 完成分词；WordNetLemmatizer 完成词形还原
# 导入 requests 模块，使用 requests.get(url ) 调用翻译打分 API
# 使用 pandas 模块 read_excel 功能读取 excel 文件，to_excel 功能写入文件
# 使用 pandas 模块 DataFrame 功能完成数据的表格化存储
# 从 ipywidgets 中导入 interact 以完成查询单词的交互操作
from nltk import *
import requests
from pandas import *
from ipywidgets import interact
```

2. 写入答案译文并读取学生译文

这里以一句话的翻译为例，将答案译文赋值在变量 sample 上。将存有学生译文的表格文件上传，利用 read_excel 对其进行读取。

```
# 写入答案译文
sample = 'Living in the mobile Internet age, college students cannot be separated from the Internet now.'

# 首先将学生译文文件上传，根据文件路径读取学生译文
path = 'files/translation01.xlsx'
df1 = read_excel(path)
```

在表格中，我们将序号、学生译文及学生姓名分别存储在文件第 1 列、第 2 列、第 3 列，分析第 2 列的“作文”即可。

序号	作文	学生
1	Living in the mobile Internet age, colle	范同学
2	Living in the mobile Internet age, colle	吴同学
3	Living in the era of mobile Internet, c	张同学
4	Living in the era of mobile Internet, u	吕同学
5	Living in the era of mobile Interent, co	李同学
6	Living in the era of mobile Internet, c	许同学
7	College students are already inseparabl	梁同学
8	Living in the era of mobile Internet, t	但同学

```
# 定位到表格中第 2 列的所有学生译文并赋值给 alltext
alltext = df1.iloc[:,1]
```

3. 进行翻译打分

获取学生译文后就可以开始打分了，翻译打分 API 网址为 http://dev.werror.com:7094/trans/scorepp，设置的两个参数分别为 doc1（答案译文）和 doc2（学生译文）。我们使用 for 循环对每一份学生译文完成打分操作，将学生译文的分数存入一个新的列表，以便进行管理和后续的保存。打分时可能需要一定的等待时间，我们可以在循环操作时设置一个提醒文字，以了解当前的分析进度。

```
# 设置一个空列表存储分数
scorelist = [ ]
# 为了解当前进度，可以设置一个提醒，以 count 作为访问的译文篇数，每次循环打分时 count 的值增加 1
count = 0
# 开始给每一个学生译文进行打分
for text in alltext:
    score =
    requests.get('http://dev.werror.com:7094/trans/scorepp',
                    params={'doc1':sample,'doc2':text}).json()
    scorelist.append(score)
    # 每进行一次打分，count 数增加 1，并输出当前进度提醒
    count +=1
    print(' 已完成第 {} 篇译文打分 '.format(count))
```

4. 保存分数数据

当循环结束时，就得到了所有学生的译文分数。然后，将数据保存到文件中，把得到的 scorelist 分数数据存入刚刚读取的数据 df1 中，作为新的一列，序列名设置为"分数"。操作完成后，df1 中就存有序号、学生译文、学生姓名及翻译得分这些数据了。

为了避免改变源文件数据，我们把数据存入一个新的文件，将其命名为 translation02。这时，不用上传空白表格，在利用 pandas 模块中的 read_excel 完成写入操作时，会自动生成一个新文件，并保存至相应的目录中：

```
df1[' 分数 '] = scorelist
# 将数据存入一个新的文件 translation02
# 打分完成后，就可以到相应的目录中查看生成的文件了
df1.to_excel('files/translation02.xlsx')
print(' 学生译文打分已完成 ')
```

下载这个新的文件，分数已经成功保存。

	序号	作文	学生	分数
0	1	Living ir	范同学	94.7
1	2	Living ir	吴同学	91.2
2	3	Living ir	张同学	94.4
3	4	Living ir	吕同学	94.1
4	5	Living ir	李同学	91.6
5	6	Living ir	许同学	94.7
6	7	College s	梁同学	92.3
7	8	Living ir	但同学	94.5

5. 进行分词及词形还原操作

教师如果希望了解学生译文中某个单词的使用频次，那么第一步就要对文本进行分词和词形还原，可以分别使用 NLTK 模块中的 word_tokenize 及 WordNetLemmatizer。

```
# 利用 join() 方法将所有学生的译文合并为一个字符串对象，方便后续分析
texts = ' '.join(alltext)
# 按词对文本进行拆分，得到答案译文词表 token_sam 及学生译文词表 token_stu
# 拆分的同时利用 string.lower() 的方法将全部字符小写
token_sam = word_tokenize(sample.lower())
token_stu = word_tokenize(texts.lower())
```

词形还原这一操作要利用列表解析式，将还原后的单词存入一个新的列表。这样，就已得到了两个已经完成词形还原操作的列表，分别是答案译文词表 sam_final 及学生译文词表 stu_final。

```
# 对两个词表分别进行词形还原，以确保统计结果准确性
wnl = WordNetLemmatizer()
sam_final = [ wnl.lemmatize(a) for a in token_sam ]
stu_final = [ wnl.lemmatize(b) for b in token_stu ]
```

6. 进行单词查询的交互设计

我们该如何利用词表数据满足查询需求呢？首先，教师希望能通过选择不同的单词，自动查询它们在学生译文中的使用频次，最好还可以自定义查询某个单词在学生译文中的使用频次。

因此，我们要明确两个查询需求：一是答案译文中的单词在学生译文中的使用频次，另一个是我们自己输入的单词在学生译文中的使用频次。在使用 interact() 函数完成交互操作时，需要这两个变量实现动态查询，我们把它们命名为 target（答案译文用词）及 others（等待自定义输入的单词）。现在设计一个自定义函数，在这两个变量的控制下输出结果，以实现动态查询的交互效果。

首先，统计答案译文的用词。我们可以通过 count() 函数计算 target（答案译文用词）在 stu_final（学生译文用词）中的频次，输出相应结果。

```
def syno(target,others):
    # 得到答案译文关键词在学生译文中的使用情况
    print(' 所查询的答案译文用词 {} 在学生译文中的使用统计如下：'.format(target))
    print(target,stu_final.count(target))
```

接着，统计自定义查询单词的频次。查询的理想状态是，输入多个单词进行查询，这是可以实现的。split 指令可以利用一些字符，如逗号，作为一个标志对字符串进行分割，从而获得一个目标词表。也就是说，若查询时的输入形式为 one、two、three，自定义函数就可以使用 split 指令通过逗号分割内容，得到一个词表；之后，再利用 for 循环，对分割后的单词逐一进行词频统计即可。实现方式如下：

```
    # 将自定义输入的单词内容（others）用逗号进行分割
    searchlist = others.split (',')
    # 利用 for 循环，若搜索的单词在学生译文中出现，则统计其频次
    print(' 所查询的其他单词在学生译文中的使用统计如下：')
    for word in searchlist:
        if word in stu_final:
            # 得到其他近义词在学生译文中的使用情况
            print(word,stu_final.count(word))
```

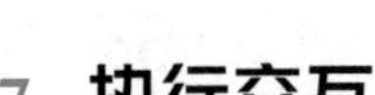

7. 执行交互

设计自定义函数后，配合使用 interact 指令就可以完成动态查询了。在自定义函数时已经设计了自定义查询单词 others 的查询形式——输入时查询，不同单词间可使用逗号间隔。答案译文用词 target 数量较少，通过下拉列表的形式进行筛选会比较方便。我们在前面的操作中已经得到了答案译文的词表 sam_final。在 interact 指令中，将此列表赋值给变量 target，显示为下拉列表形式。interact 的具体语法为：

```
# 在交互指令中设置 target 与 others 的初始默认值，可作为使用提示
# 已经得到了一个还原词形后的答案译文词表 sam_final
# 将词表赋值给查询词 target，则可以生成一个下拉框，进行选择切换
interact(syno,target = sam_final,others = 'era,time')
```

至此，学生译文的词频自定义查询设计已经完成，运行后就可以得到一个查询工具页面，方便地了解学生译文中的用词情况。该工具也支持通过修改读取文件路径，替换分析内容，多次使用。读者也可尝试对此案例中的功能进行修改和拓展，在方便教学之余，也可以将其作为翻译教学或翻译研究的辅助工具。

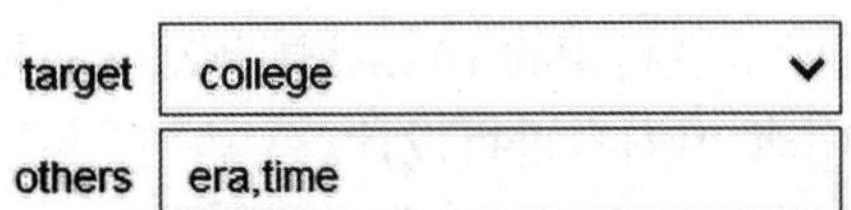


```
所查询的答案译文用词college在学生译文中的使用统计如下：
college 40

所查询的其他单词在学生译文中的使用统计如下：
era 27
time 2
```

思考 是否可以将翻译译文替换为其他类型的文本数据，如摘要写作等？除词频统计外，还可以对文本中的哪些语言元素进行分析，并通过交互实现动态查询？

4.6 自制语料库查询工具

在语言学习过程中，语料库有着区别于词典的说明性，它能将语言以数据的形式进行展示。如果通过简单易操作的方法利用语料库资源辅助教学，则会在适当减轻负担的同时，为教学带来一些新鲜感与更多可能性。现在，我们选择使用 pigai 包中的中国学生写作语料库 sino 资源，设计一个简易的语料库搭配查询页面，通过搜索一个单词和它的搭配，查询语料库中高频搭配的占比分布情况，来了解中国学生的语言搭配使用习惯。

准备 设计一个语料库检索页面，需要哪些准备工作呢？

（1）明确查询需求：要在语料库中获取什么样的数据？该如何实现？本案例选择在 sino 语料库中查询词汇的搭配情况，使用 r.zrevrange 指令，读取搭配类 key 对应存储的 value 数据。例如 key 写作 'sino:verbs_noun:information'，表示对应的数据为 sino 库中名词 information 的动词搭配分布情况。

（2）设计页面功能：进行单词及搭配关系这两个条件的自定义查询，从而得到相关搭配情况。

（3）想象操作场景：进行交互操作时，需要两个输入文本框，一个按钮控件提交需求，实现查询动作，查询后展示最高频的 10 组搭配频次分布柱状图。因此，我们需要通过自定义函数对按钮的单击输出内容进行设计。

（4）确认用于实现以上需求的模块，并进行相应的下载和安装。

练习 请试着按照以下步骤，完成自制语料库查询工具的编程设计。

1. 导入相关功能模块

此案例要用 sino 语料库进行数据读取、数据绘图、控件交互等操作，要用到 pigai、pandas、ipywidgets 等模块功能。本案例使用的 ipywidgets 模块的控件较多，读者可到 interact 指令中复习与这些控件相关的功能及其语法。

```
# 从 pigai 包中导入 r.zrevrange，读取 jsino 语料库数据
# 导入 pandas 模块，使用 DataFrame 函数完成数据表格化整理，并进行绘图
# 从 ipywidgets 模块导入 interact 完成交互操作
# 从 IPython.display 中导入 display，显示控件
from pigai import *
from pandas import DataFrame
from ipywidgets import interact,Output,Button,Textarea,Box,Layout
from IPython.display import display
```

2. 设置控件参数完成交互准备工作

注意：多个控件可在组合后显示在同一行位置。

```
# 设置相关控件，需要用两个文本框，分别查询单词和搭配关系
termbox = Textarea(layout = Layout(width='25%',height='30px'),
                   value = 'information', placeholder='Type the word',
                   description=' 单词 ')
collobox = Textarea(layout = Layout(width='25%',height='30px'),
                   value = 'verbs_noun', placeholder='Type the collocation',
                   description=' 搭配关系 ')
# 同时还需要一个按钮提交数据查询命令
btn = Button(description='Submit',Layout=Layout(width='50%', height='80px'))
# 使用 Box() 组合所有控件，并进行 display 显示
box = Box([termbox,collobox,btn])
display(box)
```

3. 自定义函数完成输出内容设计

在进行动态查询时，输出单词及搭配关系这两项数据都是待定义的，需要接收页面上的具体查询需求，才能明确 key 的写法，从而调用相应数据。因此，我们要设计一个自定义函数，其中的两个变量 term 和 collo 分别代表要查询的单词及搭配关系，key 的写法由它们定义，输出内容也由它们控制。注意：这里要用 format 方法完成数

据库中 key 的字符串定义，具体形式为：'sino:{}:{}'.format(collo,term)。若 collo 为 'vern_nouns', term 为 'open'，则此项 key 的完整输出为 'sino:vern_nouns:open'，也就是查询 sino 库中与 open 搭配的名词及搭配频次数据，读取相应 key 中频次最高的 10 组数据。

```
# 管理交互输出，以便在点击按钮操作时清除上一次的输出结果
output = Output()
display(output)
# 设置自定义函数完成绘图操作，绘图参数取决于文本框中输入的单词 term 和搭配关系
collo
def setting(term,collo):
    # 读取中国学生写作语料库 sino 中对应 key 的最高频的 10 组数据
    # 将数据存放于 sino_list 列表
    sino_list = [(k,v) for k,v in
    r.zrevrange('sino:{}:{}'.format(collo,term),0,9, True)]
```

接着，利用 DataFrame.plot 指令对数据结果进行绘图操作。在设置参数时，分别设置 kind = 'bar', x = 'word'，生成一个以单词为横坐标的柱状图，柱状图展示的数据为搭配频次对比数据。

```
# 构建 DataFrame 对象，序列名分别为 word 和 sino_freq
df = DataFrame(sino_list,columns=('word','sino_freq'))
# 利用 plot() 绘制对比图
df.plot(kind = 'bar',x = 'word',rot = 0,figsize=(8,4))
# 绘图后使用 plt.show() 的方法显示图片
plt.show()
```

4. 自定义函数完成按钮单击的输出效果设计

上一步的自定义函数可通过两个变量的输入查询相应数据并绘图。在我们设置的两个文本框中，待输入的 value 值就是两个变量 term 及 collo 的值。每一次完成输

入后，都要提交当前的两个值读取和展示相应的数据，提交动作由按钮完成。单击按钮时，将当前文本框中的两个 value 值作为 term 和 collo 的值，并传递给自定义函数 setting()，将 key 补充完整后读取数据。每次单击按钮所返回的结果是函数 setting() 中所设计的输出效果。

```
# 自定义函数用以定义点击按钮后的输出
def btn_click(sender):
    with output:
        clear_output()
        # 两个参数分别为文本框中输入的内容
        typein_term = termbox.value
        typein_collo = collobox.value
        # 显示内容为自定义函数 setting 的输出结果
        return setting(typein_term,typein_collo)
```

需要特别注意，每一次单击按钮时，利用 clear_output 清除上一次的输出操作，否则图片会不断添加在页面下方。

5. 利用按钮单击完成交互得到结果

最后，对按钮 btn 使用 on_click() 方法完成单击动作的设计，它将用文本框中输入的内容作为两个重要条件，交给自定义函数 setting，并输出 setting 的内容。

```
# 单击按钮时，显示 btn_click() 中定义的输出结果
btn.on_click(btn_click)
```

运行之后，单击按钮时，sino 库中与名词 information 搭配频次最高的 10 组动名搭配结果就会展示在图片上了。

单词 information 搭配关系 verbs_noun Submit

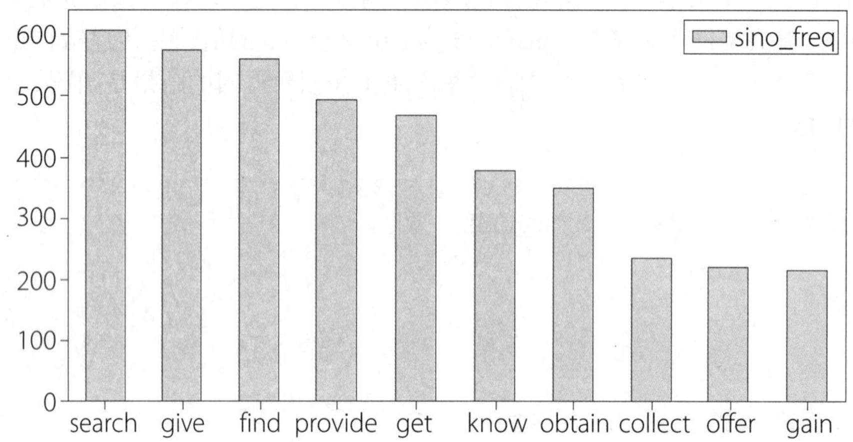

至此，我们就得到了一个简单的语料库查询页面。读者可尝试修改查询内容，书写方式请参考 r.zrevrange 指令中的内容。

思 考 若将本案例中所查询的库改变为 juk 库，如何操作呢？本案例中对搭配数据进行了动态检索操作，若根据数据库中其他类型 key 的写法，还能完成哪些动态查询呢？

4.7 爬取网络文本

网络文本爬取主要可以分为四步：

（1）发送请求：向目标网站发送请求；

（2）获得响应：服务器正常响应后会返回一个响应对象，其中包含所有需要的信息；

（3）解析数据：通过解析器等方式提取所需的文本数据；

（4）保存文本：将获取的文本保存在文件当中；

在这个案例中，我们就试着进行一次完整的网络文本爬取操作。

准 备 完成一次网络文本爬取需要哪些准备工作呢？

（1）确认所需的文章网络来源，了解相应网站资源的使用规范；

（2）查看网页源码，明确所需文本内容存储标签位置；

（3）安装并导入此操作需要使用到的相关模块功能。

练 习 请试着按照以下步骤，编写网络文本爬取的代码。

1. 导入相关功能模块

在进行网络文本爬取时需要使用 requests 和 BeautifulSoup4 中的功能进行网络访问和分析。

```
# 导入 requests 模块，使用 get 功能访问网址
# 导入 bs4 使用 BeautifulSoup 抓取网页数据
import requests
from bs4 import BeautifulSoup
```

2. 发起请求并分析响应结果

利用 requests.get 及 BeautifulSoup 指令完成网络的访问和分析，将分析结果以文本的形式呈现。如果将 soup 进行 print 输出，则可以在代码块下方看到网页的源码。我们隐去了部分网址，读者在后续操作时，可以在不违反网站使用规范的前提下，获取真实的网站资源。

```
# 发起请求并解析网页
url = 'https://www.**********.com.cn/culture'
res = requests.get(url).text
soup = BeautifulSoup(res,'html.parser')
```

3. 访问标签位置提取文章链接

网站中有大量的文本资源，分别在不同的网页当中，如果可以收集文章的网页链接，就可以逐一进行文本爬取的操作了。标签 ['href'] 方法可以提取标签中的链接，可以此作为依据收集所有的网页链接。以下面这个案例中访问的网页为例，我们提取了所有标签 <a> 中的 'href' 值，并将这些链接存入一个列表，以便筛选。

```
# 设置空列表用于存放所有文章的链接
linklist = [ ]
# 对网络解析结果 soup，可使用 find、find_all 方法进行标签查找
# 使用 find_all 方法找到所有 <a> 标签
for i in soup.find_all('a'):
    # 链接为 <a> 标签中 href 的值，链接均在此位置
    link = i['href']
    # 将每一个链接依次存入列表中
    linklist.append(link)
```

这里有一个新操作，对 soup 使用 find_all 方法查找所有指定标签，语法形式为：soup.find_all (标签名)。注意：将标签名写作字符串形式。这时，列表 linklistA 中就包含所有文章链接了，接下来，在所有链接中收集我们需要的文章链接。

通过观察我们发现，该网站很多文章链接的后半部分组成模式相同，因此可以通过特定的字符组成模式找到符合条件的文章链接，通过正则表达式对指定组成模式的网址进行收集。使用 re 模块中的 findall 方法进行查找匹配，使用前导入 re 模块，利用 findall 进行正则表达式匹配生成一个列表，操作方式如下：

ListA = findall(正则表达式，被匹配查找的字符串)

请注意它与标签查找方法 find_all 的区别。

已知文章链接的形式为“.../a/2020**(任两位数字)/**(任两位数字)/*********(任意组合字符).html”，在正则表达式中，可用 \d{2} 表示任意两位数字，不限制长度的任意字符数组合可用 .*? 表示。由此，我们可以提取指定形式的链接，这些链接中均存有所需文本，且代码结构一致，可以通过同一种操作方式完成文本爬取。现在，列表 linklistB 中就有了这些文章链接。

```
# 用正则表达式匹配，用 re 模块中的 findall 方法
import re
# 使用正则表达查找链接时，先将所有链接合并为一个字符串 s
str = '',join(linklistA)
# 使用正则表达式完成匹配，将查找到的链接放入 linklistB
linklistB = re.findall('//www.**********.com.cn/a/2020\d{2}/\d{2}/.*?.html', str)
```

4. 分析每篇文章页面并找到文本所在标签

接下来，对所得到的链接进行逐一访问并分析网页。

```
# 用变量 count 进行访问文章计数
count = 0
for link in linklistB:
    # 注意保证网址的完整，网址前的 'http:' 不能丢掉
    url = 'http:'+link
    count += 1
    print(' 正在处理第 {} 篇 '.format(count))
    # 假设只需要爬取 10 篇文章，则结束操作，用 break 结束整个操作
    if count == 10:
        print(' 已完成 ')
        break
```

在爬取时，可以根据自己的需求限制爬取数量，提高效率。

现在，在一篇文章页面中观察一下其源码结构（鼠标右键选择查看源代码即可）。以选择的网站为例，我们发现文章标题均存放于 <h1> 标签中，而文章内容都存放于 <div id = 'Content'> 标签中，因此只要获取相应标签中的文字内容即可。

```
# 获取每篇文章网页上的所有信息，以文本的模型返回
res = requests.get(url).text
soup = BeautifulSoup(res,'html.parser')

# 找到文章具体存储的标签位置
# 文章标题存放于 <h1> 标签中，使用 find 方法找到并提取标签中的文本内容
title = soup.find('h1').get_text()

# 文章内容均存放于 <div id="Content"> 中，找到相应标签位置
div = soup.find( id = 'Content')
# 提取标签中的文本内容
text = div.get_text()
```

至此，我们分别得到了文章的标题 title 和正文内容 text。

5. 抓取文本内容并存入文档

文本爬取的最后一步是将文本保存入文件。我们把每一篇文章存入一个 .txt 文件，用文章标题作为文件名。在写入文件时注意，要在平台上创建一个文件夹存储这些文章，再根据相应路径进行写入操作，否则会显示文件写入失败。我们将文件夹命名为 Culture，将它创建在 files 文件夹下。选择写入形式时，若使用 open(filepath,'w')，则会新建文件并将文本写入，操作方法如下：

```
# 将文本内容写入文档文件 进行保存
   filepath = 'files/Culture/'+title+'.txt'
    f = open(filepath,'w')
   f.write(text)
   f.close()
```

至此，我们就可以输出所有文章内容了。如需利用爬取的文章进行研究分析，还要对文本进行更多清洗与整理操作。

小提示

在进行标签查找定位和文本提取时，需要注意：

（1）在网页上右击“查看源代码”，可以观察数据存储的位置。

（2）在使用 findAll() 等方法查找标签时，不同属性的标签要使用不同的书写形式。例如 id，style，title 等属性标签可以直接使用 soup.find('div',id='123'}) 的形式，但 class 或名称中含有“-”的标签较特殊，要用字典形式传递，如 soup.find('div',{'class': 'main_art'})。

（3）每个网页的代码规律与标签设置都不相同，在爬取前要观察网页源代码，了解内容存储的标签位置。

（4）请遵守网站的使用规则，在遵守著作权法的前提下合理使用获得的网页数据及信息。

思 考 在不同的网站进行网络文本爬取的方法均有细节上的差异，请在理解基础方法的前提下在实践过程中进行不同的尝试。爬取的文章在投入分析前，还要进行文本整理和清洗。请思考一下这一操作可以使用本书中介绍的哪些方法和案例，请结合多个案例尝试操作。

4.8 AI 辅助句子教学

基础教育阶段的句子教学是英语教学的重要环节。句子是写作输出的基础载体，既能体现基本的语言水平，又能体现逻辑组织、语言润色等高级语言能力。教师可通过调用 Python 资源，轻松生动地实现句子教学的智能化。

在这个案例中，我们就试着进行一次 AI 辅助句子教学的页面设计。

准 备 设计一个 AI 辅助句子教学工具的页面，需要哪些准备工作呢？

（1）了解需求：借助 Python 指令或 API 资源，辅助句子讲解的相关教学需求，做到课堂功能展示可视化，以实现智能教学，高效备课。在选择指令前，明确自身的教学需求和场景，以适用对应的技术资源。

（2）选择应用指令：根据教学需求选择与句子教学相适用的 Python 指令。Python 单个指令可以满足一项完整需求，将所有需求的指令一一应用便能逐个完成功能组合。

（3）确认用于实现以上需求的模块，并进行相应的下载和安装。

练 习 请试着按照以下步骤，完成 AI 辅助句子教学的代码编写。

1. 明确功能需求

功能设计的目的是解决教学需求，在进行所有工作之前，要确认句子教学的需求。在本案例中，我们要满足以下几项句子教学需求，同时也学习一下可能使用到的其他的 Python 指令，如表 4.1 所示。

表 4.1

序号	教学需求	可能使用到的 pigai 包中的 Python 指令
1	智能句子结构分析辅助句式语法教学	*parse()
2	语料库数据分析辅助句子扩写教学	addone()
3	智能记忆工具辅助句子记忆教学	*sent_to_word()

注：标 * 为本案例中新增的指令，读者可重点关注。

2. 导入相关功能模块

根据需求可知，本案例需要使用 pigai 包中的模块功能。同时，为实现数据功能可视化、页面交互等需求，还要使用 ipywidgets 等模块功能。

```
# 从 pigai 包中导入所有模块功能
# 从 ipywidgets 模块导入 interact 完成交互操作
from pigai import *
from ipywidgets import interact, Text, Layout
```

3. 逐个解决功能需求

在 Jupyter Notebook 的编写页面中，不同的代码块能单独执行代码命令，实现多组内容的代码编写。因此，若要在同一个页面上实现多个 Python 指令功能集合，只需要在同个页面的不同的代码块中完成独立编写。

首先，利用 highlight() 指令完成一句话中的句子结构分析。在基础写作学习过程中，厘清句子结构十分重要。我们可以通过 Python 完成句子成分判断的工具，更清晰地展示句子结构，这一点尤其适用于中学教学场景。在 pigai 模块功能中，parse() 指令可以帮助教师实现句子结构标准这一需求。其指令书写过程如下，句子中的谓语、宾语、介词已经标出。

```
from pigai import *
interact( parse, snt = widgets.Text(value = 'Parents attach much importance to education',
                    layout = Layout(width=60%)))
```

snt | Parents attach much importance to education.

☑ show

Parents **attach** <u>much importance</u> to education .

在进行更多例句的检测时，直接修改 snt 的值即可。

写作的衍生实际上是将句子写长，将最简单的句式扩充为表达丰满的句子。教师可以利用 Python 创建一个句子扩写工具，引导学生了解在不同的句子成分之间可以插入什么样的内容来丰满自己的句子。

接下来，我们利用 addone() 指令实现基于语料库数据分析结果生成的句子扩写辅助功能，查询所检索句子的指定插入位置词在语料库中的使用分布情况。例如 addone('What a day', 2,5) 的输出结果、语料库中的 What a... day、省略号位置上最常用的 5 个单词及其占比。通过与 interact() 指令的配合，创建一个可视化的检索工具。

addone() 指令的完整表达为 addone(snt, index, topk)，其中的三个参数分别代表所检索的内容、插入词的位置及显示结果的个数。在与 interact() 配合使用时，将 index 和 topk 分别设置为数值区间，就可以在结果页面上通过滑动条自定义参数值了。

```
from pigai import *
interact( addone,  snt = 'I pay attention to it. ',  index=(0,3),  topk=(1,20) )
```

当 index 值为 1，topk 值为 10 时，展示的是在语料库中该句子第一个单词与第二个单词之间最常用的 10 个成分及其占比。我们可以看到在“I pay attention to it.”这句话中，I 与 pay 之间可以添加的最常见的 10 个成分基本为副词或情态动词。

snt: I pay attention to it .

index: 1

topk: 10

no.	word	percent(%)
0	will	29.63%
1	should	17.34%
2	'll	8.89%
3	must	7.14%
4	never	3.89%
5	did	3.58%
6	always	2.14%
7	cannot	2.02%
8	would	1.94%
9	just	1.83%

在学习句子写作时，学生经常要背诵一些佳句作为学习积累，在积累的过程中吸收知识，并学会使用其精彩的部分。但记忆过程往往是一个难点，我们可以利用 Python 指令 sent_to_word() 实现联想记忆功能，化句为词。

在输入一个句子时，可以利用句中某个单词中的一个字母拼写出一个全新的单词，利用单词拼写对原句进行联想记忆。反之，也可利用该方法进行单词记忆，如“Father and mother I love you”对应为 family。这种方法不仅有趣，在一些特殊情况下也十分有效。该指令配合 interact() 指令的书写过程与呈现效果如下，注意：句子中须使用小写字符。

```
from pigai import *
interact( sent_to_word, snt = 'father and mother I love you ')
```

snt father and mother I love you

{'family'}

思 考 除这几项指令外，还有哪些指令可以辅助句子教学设计？通过本书的学习，读者是否已经可以尝试根据自己的需求进行一项教学辅助小工具的设计呢？

附录 功能词表

NLTK 停用词表

i	they	a	in	own	doesn
me	them	an	out	same	doesn't
my	their	the	on	so	hadn
myself	theirs	and	off	than	hadn't
we	themselves	but	over	too	hasn
our	what	if	under	very	hasn't
ours	which	or	again	s	haven
ourselves	who	because	further	t	haven't
you	whom	as	then	can	isn
you're	this	until	once	will	isn't
you've	that	while	here	just	ma
you'll	that'll	of	there	don	mightn
you'd	these	at	when	don't	mightn't
your	those	by	where	should	mustn
yours	am	for	why	should've	mustn't
yourself	is	with	how	now	needn
yourselves	are	about	all	d	needn't
he	was	against	any	ll	shan
him	were	between	both	m	shan't
his	be	into	each	o	shouldn
himself	been	through	few	re	shouldn't
she	being	during	more	ve	wasn
she's	have	before	most	y	wasn't
her	has	after	other	ain	weren
hers	had	above	some	aren	weren't
herself	having	below	such	aren't	won
it	do	to	no	couldn	won't
it's	does	from	nor	couldn't	wouldn
its	did	up	not	didn	wouldn't
itself	doing	down	only	didn't	

NLTK 词性标记表

1.	CC	Coordinating conjunction 连接词
2.	CD	Cardinal number 基数词
3.	DT	Determiner 限定词
4.	EX	Existential there 存在句
5.	FW	Foreign word 外来词
6.	IN	Preposition or subordinating conjunction 介词或从属连词
7.	JJ	Adjective 形容词或序数词
8.	JJR	Adjective，comparative 形容词比较级
9.	JJS	Adjective，superlative 形容词最高级
10.	LS	List item marker 列表标示
11.	MD	Modal 情态助动词
12.	NN	Noun，singular or mass 常用名词，单数形式
13.	NNS	Noun，plural 常用名词，复数形式
14.	NNP	Proper noun，singular 专有名词，单数形式
15.	NNPS	Proper noun，plural 专有名词，复数形式
16.	PDT	Predeterminer 前位限定词
17.	POS	Possessive ending 所有格结束词
18.	PRP	Personal pronoun 人称代词
19.	PRP	Possessive pronoun 所有格代名词
20.	RB	Adverb 副词
21.	RBR	Adverb，comparative 副词比较级
22.	RBS	Adverb，superlative 副词最高级
23.	RP	Particle 小品词
24.	SYM	Symbol 符号
25.	TO	to 作为介词或不定式格式
26.	UH	Interjection 感叹词
27.	VB	Verb，base form 动词基本形式
28.	VBD	Verb，past tense 动词过去式
29.	VBG	Verb，gerund or present participle 动名词和现在分词
30.	VBN	Verb，past participle 过去分词
31.	VBP	Verb，non-3rd person singular present 动词非第三人称单数
32.	VBZ	Verb，3rd person singular present 动词第三人称单数
33.	WDT	Wh-determiner 限定词
34.	WP	Wh-pronoun 代词（who，whose，which）
35.	WP	Possessive wh-pronoun 所有格代词
36.	WRB	Wh-adverb 疑问代词（how，where，when）